教育部职业教育与成人教育司推荐教材
中等职业学校数控技术应用专业教学用书

CAXA 软件应用技术基础

（第 2 版）

吴　为　主编

电子工业出版社
Publishing House of Electronics Industry
北京·BEIJING

内 容 简 介

全书共分 7 章。第 1 章 CAXA 制造工程师 XP 基础知识；第 2 章曲线绘制；第 3 章实体造型；第 4 章曲面造型；第 5 章曲面实体混合造型；第 6 章零件加工；第 7 章综合实例，完整地介绍了应用 CAXA 制造工程师软件进行零件造型设计及加工的全过程。附录 CAXA 制造工程师 XP 命令汇总，为读者检索查询提供了方便。章后的上机实战，便于读者复习和提高应用能力，同时便于教师安排教学。

本书还配有电子教学参考资料包（包括教学指南、电子教案及习题答案），详见前言。

未经许可，不得以任何方式复制或抄袭本书之部分或全部内容。

版权所有，侵权必究。

图书在版编目（CIP）数据

CAXA 软件应用技术基础 / 吴为主编. —2 版. —北京：电子工业出版社，2009.2
教育部职业教育与成人教育司推荐教材. 中等职业学校数控技术应用专业教学用书

ISBN 978-7-121-07788-3

Ⅰ. C… Ⅱ.吴… Ⅲ.数控机床－计算机辅助设计－软件包，CAXA－专业学校－教材 Ⅳ.TG659-39

中国版本图书馆 CIP 数据核字（2008）第 178486 号

策划编辑：白　楠
责任编辑：李雪梅
印　　刷：北京虎彩文化传播有限公司
装　　订：北京虎彩文化传播有限公司
出版发行：电子工业出版社
北京市海淀区万寿路 173 信箱　邮编 100036
开　　本：787×1 092　1/16　印张：14.75　字数：377.6 千字
版　　次：2005 年 7 月第 1 版
　　　　　2009 年 2 月第 2 版
印　　次：2024 年 7 月第 20 次印刷
定　　价：21.80 元

凡所购买电子工业出版社图书有缺损问题，请向购买书店调换。若书店售缺，请与本社发行部联系，联系及邮购电话：（010）88254888，88258888。

质量投诉请发邮件至 zlts@phei.com.cn，盗版侵权举报请发邮件至 dbqq@phei.com.cn。

本书咨询联系方式：（010）88254583，zling@phei.com.cn。

再版前言

教育部根据我国制造业发展过程中数控技术人才短缺的现状，制订了"职业院校数控技术应用专业紧缺人才培训指导方案"。根据这一方案，在全国范围内建设了一批数控技术紧缺人才培训基地。这意味着，在今后相当长的一段时间内，数控人才培训将在职业教育中占据相当重要的位置。

当前企业中应用的 CAD/CAM 软件有 UG、Pro/E、I–DEAS、CATIA、MasterCAM、CAXA 等，这些软件各有特点，同时又有共同之处。CAXA 是目前唯一的国产 CAD/CAM 软件，在国内企业中占有相当的比例。

CAXA 制造工程师的版本在不断更新，其主要更新点为 CAM 方面，增多了几种加工方法，但相对的刀具轨迹生成的稳定性不如早期版本。因此，本书采用 CAXA 制造工程师 XP 版本。CAXA 制造工程师 XP 属于基础且成熟的版本，该版本软件完全可以适应一般零件的造型及加工，学会该版本软件对接触新版本 CAXA 制造工程师起到触类旁通的作用。

本书在认真总结并吸取相关 CAD/CAM 软件应用教材优点的基础上，坚持以就业为导向，以能力为本位，突出应用性和可操作性，力争在教材内容、教材体系结构、教材案例等方面有特色和创新，使之成为能体现现代职业教育理念的新型教材。本书采用项目驱动式，减少空洞的理论说教，以项目带命令，每个项目配有设计及操作明细表，步骤清晰，便于操作学习。

本书由北京信息职业技术学院吴为副教授担任主编，并编写了第 1、5、6、7 章，冯志群编写了第 2、3、4 章。本书由葛金印、王猛和张莉洁担任主审。

本书通过教育部审批，列为教育部职业教育与成人教育司推荐教材。

本书适合作为中职、高职现代制造类专业的课程教材，也适合作为企业相关培训用书及工程技术人员的参考书。

由于编者的水平和经验有限，书中欠妥和错误之处在所难免，恳请广大读者指正。

为了方便教师教学，本书还配有教学指南、电子教案及习题答案（电子版）。请有此需要的教师登录华信教育资源网（www. huaxin. edu. cn 或 www. hxedu. com. cn）免费注册后再进行下载，有问题时请在网站留言板留言或与电子工业出版社联系（E-mail：hxedu@phei. com. cn）。

编　者
2008 年 11 月

目 录

第1章 CAXA 制造工程师 XP 基础知识

CAXA 制造工程师 XP 是由北京北航海尔软件有限公司研制开发的面向数控铣床和加工中心的三维 CAD/CAM 软件。它基于微型计算机平台，采用原创 Windows 菜单和交互方式，全中文环境，便于学习和操作。该软件的基本功能有：

① 具有线框造型、曲面造型和实体造型的设计功能；
② 具有生成加工刀具轨迹的数控加工功能；
③ 具有刀具轨迹仿真加工的功能；
④ 具有生成加工代码的功能；
⑤ 具有生成加工工序单的功能。

1.1 用户界面

用户界面（简称界面）是交互式绘图软件与用户进行信息交流的中介。系统通过界面反映当前信息状态和将要执行的操作，用户根据界面提供的信息做出判断，并经由输入设备进行下一步的操作。

零件设计的用户界面，和其他 Windows 风格的软件一样，各种应用功能通过菜单和工具条驱动；状态栏指导用户进行操作并提示当前状态和所处位置；特征树记录了历史操作和相互关系；绘图区显示各种功能操作的结果；同时，功能区和特征树为用户提供了数据交互的功能。

零件设计可以实现自定义界面布局。工具条中每一个按钮都对应一个菜单命令，单击按钮和单击菜单命令是完全一样的。

CAXA 系统的用户界面如图 1.1 所示。

1.1.1 绘图区

绘图区是用户进行绘图设计的工作区域，如图 1.1 所示的空白区域。它们位于屏幕的中心，并占据了屏幕的大部分面积。广阔的绘图区为显示全图提供了清晰的空间。

在绘图区的中央设置了一个三维直角坐标系，该坐标系称为世界坐标系。它的坐标原点为（0.0000，0.0000，0.0000）。用户在操作过程中所涉及的所有坐标均以此坐标系的原点为基准。

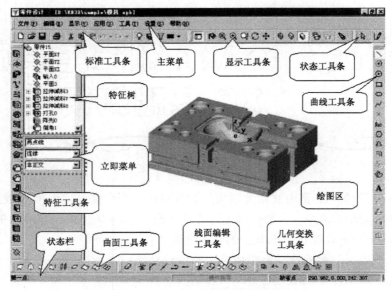

图 1.1　CAXA 系统的用户界面

1.1.2　主菜单

主菜单是界面最上方的菜单条，单击菜单条中的任意一个菜单项，都会弹出一个下拉式菜单，指向某一个菜单项会弹出其子菜单。菜单条与子菜单构成了下拉主菜单，如图 1.2 所示。

主菜单包括：文件、编辑、显示、应用、工具、设置和帮助菜单选项。每个菜单选项都含有若干个下拉菜单项。

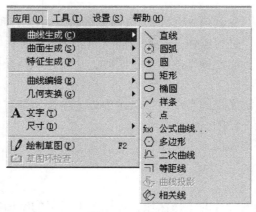

图 1.2　主菜单

单击主菜单中的"应用"菜单项，指向下拉菜单中的"曲线生成"菜单项，然后单击其子菜单中的"直线"选项，界面左侧会弹出一个立即菜单，并在状态栏显示相应的操作提示和执行命令状态。对于除了立即菜单和点工具菜单以外的其他菜单来说，某些菜单选项要求用户以对话的形式予以回答。用鼠标单击这些菜单时，系统会弹出一个对话框，用户可根据当前的操作做出响应。

1.1.3　立即菜单

立即菜单描述了该项命令执行的各种情况和使用条件。用户根据当前的作图要求，正确地选择某一选项，即可得到准确的响应。

在立即菜单中，用鼠标选取其中的某一项（例如"两点线"），便会在下方出现一个选项菜单或者改变该项的内容。

1.1.4　快捷菜单

光标处于不同的位置，单击鼠标右键会弹出不同的快捷菜单。熟练使用快捷菜单，可以提高绘图速度。

将光标移到特征树中 *xy*、*yz*、*zx* 三个基准平面上，单击鼠标右键，弹出的快捷菜单如图 1.3 所示。

将光标移到特征树的草图上，单击鼠标右键，弹出的快捷菜单如图 1.4 所示。

图 1.3　光标在特征树基准平面上弹出的快捷菜单

将光标移到特征树中的特征上，单击鼠标右键，弹出的快捷菜单如图 1.5 所示。

将光标移到绘图区中的实体上，单击实体，然后再单击鼠标右键，弹出的快捷菜单如图 1.6 所示。

图 1.4　光标在特征树的草图上弹出的快捷菜单

图 1.5　光标在特征树中的特征上弹出的快捷菜单

图 1.6　光标在绘图区中的实体上弹出的快捷菜单

在非草图状态下，将光标移到绘图区中的草图上，单击曲线，然后再单击鼠标右键，弹出的快捷菜单如图 1.7 所示。

在草图状态下，单击鼠标右键，弹出的快捷菜单如图 1.8 所示。

在任意菜单空白处，单击鼠标右键，弹出的快捷菜单如图 1.9 所示。

图 1.7　光标在绘图区中的草图上弹出的快捷菜单

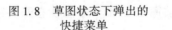

图 1.8　草图状态下弹出的快捷菜单

图 1.9　在任意菜单空白处弹出的快捷菜单

1.1.5　对话框

某些菜单选项要求用户以对话的形式予以回答，单击这些菜单时，系统会弹出一个对话框，如图 1.10 所示是"拉伸加料"对话框，用户可根据当前的操作做出响应。

图 1.10　　"拉伸加料"对话框

1.1.6　工具条

在工具条中，可以通过鼠标左键单击相应的按钮进行操作。工具条可以自定义，界面上的工具条包括：标准工具、显示工具、状态工具、曲线工具、几何变换、线面编辑、曲面工具和特征工具。

1. 标准工具

标准工具如图 1.11 所示。

图 1.11　标准工具

标准工具包含了标准的"打开文件"、"打印文件"等 Windows 操作按钮，也有零件设计环境下"层设置"、"拾取过滤设置"、"当前颜色设置"操作按钮。

2. 显示工具

显示工具包含了"缩放"、"移动"、"视向定位"等选择显示方式的按钮，如图 1.12 所示。

3. 状态工具

状态工具如图 1.13 所示。

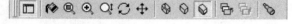

图 1.12　显示工具　　　　　　　　　　　　　图 1.13　状态工具

状态工具包含了"终止当前命令"和"草图状态开关"两个常用按钮。

4. 曲线工具

曲线工具如图 1.14 所示。

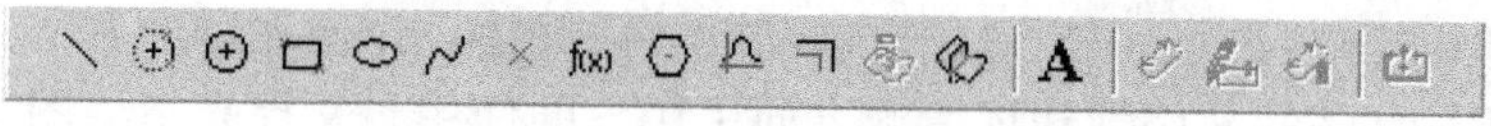

图 1.14   曲线工具

曲线工具包含了"直线"、"圆弧"、"公式曲线"等丰富的曲线绘制工具按钮。

5. 几何变换

几何变换工具如图 1.15 所示。

图 1.15   几何变换工具

几何变换工具包含了"平移"、"镜像"、"旋转"、"阵列"等几何变换工具按钮。

6. 线面编辑

线面编辑工具如图 1.16 所示。

图 1.16   线面编辑工具

线面编辑工具包含了曲线的裁剪、过渡、拉伸和曲面的裁剪、过渡、缝合等编辑工具按钮。

7. 曲面工具

曲面工具如图 1.17 所示。

图 1.17   曲面工具

曲面工具包含了"直纹面"、"旋转面"、"扫描面"等曲面生成工具按钮。

8. 特征工具

特征工具如图 1.18 所示。

图 1.18   特征工具

特征工具包含了"拉伸"、"导动"、"过渡"、"阵列"等丰富的特征造型工具按钮。

9. 特征树

特征树记录了零件生成的操作步骤，用户可以直接在特征树中对零件特征进行编辑。

1.2   文件管理

CAXA 制造工程师为用户提供了功能更齐全的文件管理系统，其中包括文件的建立与存储、文件的打开与并入等。用户使用这些功能可以灵活、方便地对原有文件或屏幕上的绘图信息进行管理。有序的文件管理环境既方便了用户的使用，又提高了绘图工作的效率。

文件管理功能通过主菜单中"文件"的下拉菜单来实现。选取该菜单项，系统弹出一个下拉菜单，如图 1.19 所示。

📄	新建(N)...	Ctrl+N
📂	打开(O)...	Ctrl+O
💾	保存(S)	Ctrl+S
	另存为(A)...	
🖨	打印(P)...	Ctrl+P
	打印设置(R)...	
🖱	并入文件(I)	
	读入草图(B)	
	样条输出(D)...	
	输出视图(U)...	
	保存图片(E)...	
🖳	启动电子图板(D)...	
	1 E:\eb3d\sample\samples\零件2	
	2 E:\eb3d\...\samples\卡盘轨道	
	退出(X)	Alt+X

图 1.19 "文件"的下拉菜单

选取相应的菜单项，即可实现对文件的管理操作。下面将按照下拉菜单列出的菜单内容，向读者介绍各类文件管理的操作方法。

1.2.1 新建

新建指创建新的图形文件。单击"文件"下拉菜单中的"新建"选项，或者直接单击 📄 按钮即可创建一个新的图形文件。

建立一个新文件后，用户就可以应用图形绘制和实体造型等各项功能随心所欲地进行各种操作了。但是，用户必须记住，当前的所有操作结果都记录在内存中，只有在存盘以后，用户的设计成果才会被永久地保存下来。

1.2.2 打开

打开是指打开一个已存储的零件设计图形文件，并为非零件设计的数据文件的格式提供相应接口，使得在其他软件上生成的文件也可以通过此接口转换成零件设计的图形文件格式，在零件设计上进行处理。

可以读入的零件设计数据文件有：epb、ME2000 数据文件；mxe、ME1.0、ME2.0 数据文件；csn、Parasolid x_t 文件；Parasolid x_b 文件；dxf 文件；IGES 文件和 DAT 数据文件。

① 单击"文件"下拉菜单中的"打开"选项，或者直接单击 📂 按钮，弹出"打开"对话框，如图 1.20 所示。

② 选中要打开的文件名并选择相应的文件类型（打开的文件类型如图 1.21 所示），单击"打开"按钮。

使用压缩方式存储文件：将文件进行压缩后存储，容量比不压缩时要小。

预显：打开图形文件时，可以预览所绘制的图形的形状。

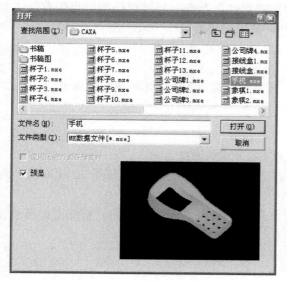

图 1.20　"打开"对话框

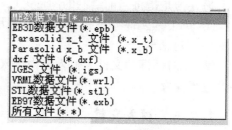

图 1.21　打开的文件类型

1.2.3　保存

将当前绘制的图形以文件形式存储到磁盘上称为保存。

① 单击"文件"下拉菜单中的"保存"选项，或者直接单击 按钮，如果当前没有文件名，则系统弹出一个"存储文件"对话框，如图 1.22 所示。

图 1.22　"存储文件"对话框

② 在对话框的文件名输入框内输入一个文件名，单击"保存"按钮，系统即按所给文件名存盘。文件类型可以选择为 ME 数据文件、标准三维电子图板文件、Parasolid x_t 文件、

Parasolid x_b 文件、dxf 文件、IGES 文件、VRML 数据文件、STL 数据文件和 EB97 数据文件等。

③ 如果当前文件名存在，则系统直接按当前文件名存盘。经常把绘图结果保存起来是一个好习惯。这样，可以避免因发生意外而使所绘图形丢失。

注意

"保存"和"另存为"中的 EB97 格式，只有线框显示下的实体轮廓能够输出。

1.2.4　另存为

另存为是指将当前绘制的图形另取一个文件名存储到磁盘上。

① 单击"文件"下拉菜单中的"另存为"选项，系统弹出一个与图 1.22 相同的"存储文件"对话框。

② 在对话框的文件名输入框内输入一个文件名，单击"保存"按钮，系统将以所给文件名进行保存。

1.2.5　并入文件

并入文件是指并入一个实体或者线面数据文件，与当前零件实现交、并、差的运算。具体操作和参数解释参见特征树中的实体布尔运算。

注意

① 采用"拾取定位的 x 轴"方式时，轴线为空间直线。

② 选择文件时，注意文件的类型，不能直接输入 *.epb 格式文件，先将零件保存成 *.x_t 格式文件，然后进行并入文件操作。

③ 进行并入文件操作时，基体尺寸应比输入的零件尺寸稍大。

1.2.6　读入草图

读入草图是指将已存在的二维图形作为草图读入到制造工程师零件设计中。

单击"文件"下拉菜单"读入草图"选项，状态栏中提示"请指定草图的插入位置"，用光标拖动图形到某点，单击鼠标左键，草图读入结束。

此操作要在草图绘制状态下进行，否则出现警告"必须选择一个绘制草图的平面或已绘制的草图"。

1.3　显示

1.3.1　显示变换

绘制图形的显示命令只改变图形在屏幕上显示的位置、比例、范围等，不改变原图形的实际尺寸。图形的显示控制对绘制复杂视图和大型图形具有重要作用，在图形绘制和编辑过程中也要经常使用。

用鼠标单击"显示"下拉菜单中的"显示变换"菜单项，在该菜单中的右侧弹出菜单项，如图 1.23 所示。

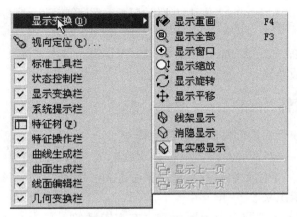

图 1.23　显示下拉菜单

1.3.2　显示重画

显示重画可刷新当前屏幕所有图形。经过一段时间的图形绘制和编辑，屏幕绘图区中难免留下一些擦除痕迹，或者使一些有用的图形产生部分残缺，这些都是由于编辑后而产生的屏幕垃圾，虽然不影响图形的输出结果，但影响图形屏幕显示的美观。利用重画功能，可对屏幕进行刷新，清除屏幕垃圾，使屏幕变得整洁美观。

① 单击"显示"→"显示变换"→"显示重画"，或者直接单击 按钮。

② 屏幕上的图形发生闪烁，原有图形消失，但立即在原位置把图形重画一遍即可实现图形的刷新。

用户还可以通过 F4 键使图形显示重画。

1.3.3　显示全部

显示全部可将当前绘制的所有图形全部显示在屏幕绘图区内。

单击"显示"→"显示变换"→"显示全部"，或者直接单击 按钮。

用户还可以通过 F3 键使图形显示全部。

1.3.4　显示窗口

显示窗口提示用户输入一个窗口的上角点和下角点，系统将两角点所包含的图形以充满屏幕绘图区的方式加以显示。

① 单击"显示"→"显示变换"→"显示窗口"，或者直接单击 按钮。

② 按提示要求在所需位置输入显示窗口的第一个角点，输入后十字光标立即消失。此时再移动鼠标，出现一个由方框表示的窗口，窗口大小可随鼠标的移动而改变。

③ 窗口所确定的区域就是即将被放大的部分。窗口的中心将成为新的屏幕显示中心。在该方式下，不需要给定缩放系数，对给定窗口范围按尽可能大的原则，将选中区域内的图形以充满屏幕的方式重新显示出来。

1.3.5　显示缩放

显示缩放按照固定的比例将绘制的图形进行放大或缩小。

① 单击"显示"→"显示变换"→"显示缩放"，或者直接单击 Q 按钮。

② 按住鼠标左键向左上方或者右上方拖动鼠标，图形将随着鼠标的上下拖动而放大或者缩小。

用户也可以通过 PageUp 或 PageDown 键来对图形进行放大或缩小，也可使用 Shift 键配合鼠标右键，执行该项功能。

1.3.6 显示旋转

显示旋转可将拾取到的零部件图形进行旋转。

① 单击"显示"→"显示变换"→"显示旋转"，或者直接单击 ↻ 按钮。

② 在屏幕上选取一个显示中心点，拖动鼠标左键，系统立即将该点作为新的屏幕显示中心，将图形重新显示出来。

用户还可以使用 Shift 键配合上、下、左、右方向键使屏幕中心图形进行显示旋转，也可以使用 Shift 键配合鼠标左键，执行该项功能。

1.3.7 显示平移

显示平移以用户输入的点作为屏幕显示的中心，将显示的图形移动到所需要的位置。

① 单击"显示"→"显示变换"→"显示平移"，或者直接单击 ✛ 按钮。

② 在屏幕上选取一个显示中心点，单击鼠标左键，系统立即将该点作为新的屏幕显示中心将图形重新显示出来。

用户还可以使用上、下、左、右方向键使屏幕中心进行显示平移。

1.3.8 显示效果

显示效果有三种，分为线架显示、消隐显示和真实感显示。

1. 线架显示

线架显示是将零部件采用线架的显示效果进行显示，如图 1.24 所示。

线架显示的操作：单击"显示"→"显示变换"→"线架显示"，或者直接单击 ⊕ 按钮。

线架显示时，可以直接拾取被曲面挡住的另一个曲面，也可以直接拾取下面的曲面，如图 1.25 所示，这里的曲面不包括实体表面。

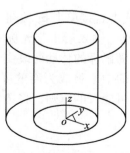

图 1.24　线架显示

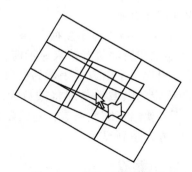

图 1.25　拾取下面的曲面

2. 消隐显示

消隐显示就是将零部件采用消隐的显示效果进行显示，如图 1.26 所示。

消隐显示的操作：单击"显示"→"显示变换"→"消隐显示"，或者直接单击 按钮。

3. 真实感显示

真实感显示就是将零部件采用真实感的显示效果进行显示，如图 1.27 所示。

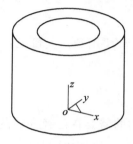

图 1.26　消隐显示

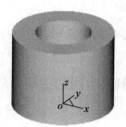

图 1.27　真实感显示

真实感显示的操作：单击"显示"→"显示变换"→"真实感显示"，或者直接单击 按钮。

1.4　工具

1.4.1　点工具菜单

点工具菜单就是用来捕捉几何图形特征点，如圆心点、切点、端点等的菜单。用户利用操作命令，需要输入特征点时，只要按下空格键，即在屏幕上弹出如图 1.28 所示的点工具菜单。

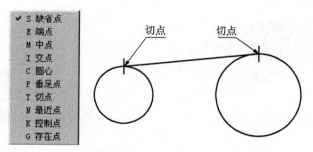

图 1.28　点工具菜单

点工具菜单中所列特征点的含义如下：

缺省点（S）——屏幕上的任意位置点；

端点（E）——曲线的端点；

中点（M）——曲线的中点；

交点（I）——两曲线的交点；

圆心（C）——圆或圆弧的圆心；

垂足点（P）——曲线的垂足点；

切点（T）——曲线的切点；

最近点（N）——曲线上距离捕捉光标最近的点；

控制点（K）——样条的特征点；

存在点（G）——用曲线生成中的点工具生成的点。

1.4.2 矢量工具

矢量工具主要是用来选择方向的，在曲面生成时经常要用到，矢量工具菜单如图 1.29 所示。

1.4.3 选择集拾取工具

拾取图形元素（点、线、面）的目的就是根据作图的需要在已经完成的图形中，选取作图所需的某个或某几个元素。

选择集拾取工具就是用来方便地拾取需要元素的工具。拾取元素的操作是经常要用到的操作，应当熟练地掌握它。

已选中的元素集合，称为选择集。当交互操作处于拾取状态（工具菜单出现提示"添加状态"或"移出状态"）时，用户可通过选择集拾取工具菜单来改变拾取的特征，如图 1.30 所示。

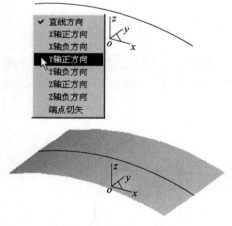

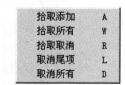

图 1.29 矢量工具菜单   图 1.30 选择集拾取工具菜单

1. 拾取添加

指定系统为拾取添加状态，此后拾取到的元素将放到选择集中。拾取操作有两种状态：添加状态和移出状态。

2. 拾取所有

拾取所有就是拾取画面上所有的元素。但系统规定，在所有被拾取的元素中不应含有拾取设置中被过滤掉的元素或被关闭图层中的元素。

3. 拾取取消

拾取取消的操作就是从拾取到的元素中取消某些元素。

4. 取消尾项

执行取消尾项操作可以取消最后拾取到的元素。

5. 取消所有

所谓取消所有，就是取消所有被拾取到的元素。

上述几种拾取元素的操作，都是通过鼠标来完成的，也就是说，通过移动鼠标对准待选择的某个元素，然后单击鼠标左键，即可完成拾取的操作。被拾取的元素呈拾取加亮颜色的显示状态（默认为红色），以示与其他元素的区别。

1.5　常用键

1.5.1　鼠标键

鼠标左键可以用来激活菜单，确定位置点、拾取元素等；鼠标右键用来确认拾取，结束操作，终止命令。

例如：要运行画直线功能，先把光标移动到直线按钮上，然后单击鼠标左键，激活画直线功能，这时，在命令提示区出现下一步操作的提示：第一点；把光标移动到绘图区内，单击鼠标左键，输入一个位置点，再根据提示输入第二个位置点，就生成了一条直线。

又如：在删除几何元素时，当拾取完要删除的元素后，单击鼠标右键就可以结束拾取，被拾取到的元素就被删除掉了。

1.5.2　回车键和数值键

回车键和数值键在系统要求输入点时，可以激活一个坐标输入条，在输入条中可以输入坐标值。如果坐标值是以@ 开始的，表示一个相对于前一个输入点的相对坐标；在某些情况下也可以输入字符串。

1.5.3　空格键

当系统要求输入点、输入矢量方向和选择拾取方式时，按空格键可以弹出对应菜单，便于查找选择。

例如：在系统要求输入点时，按空格键可以弹出点工具菜单。

1.5.4　快捷键

零件设计为用户提供快捷键操作，对于一个熟练的零件设计用户，快捷键将极大地提高工作效率，用户还可以自定义想要的快捷键。

系统中设置了以下几种功能快捷键。

① F1 键：请求系统帮助。

② F2 键：草图器，用于绘制草图状态与非绘制草图状态的切换。

③ F3 键：显示全部。

④ F4 键：重画。

⑤ F5 键：将当前平面切换至 xoy 面，同时将显示平面置为 xoy 面，将图形投影到 xoy 面内进行显示。

⑥ F6 键：将当前平面切换至 yoz 面，同时将显示平面置为 yoz 面，将图形投影到 yoz 面内进行显示。

⑦ F7 键：将当前平面切换至 xoz 面，同时将显示平面置为 xoz 面，将图形投影到 xoz 面内进行显示。

⑧ F8 键：显示立体图。

⑨ F9 键：切换作图平面（xy，xz，yz）。

⑩ 方向键（←，↑，→，↓）：显示平移。

⑪ Shift + 方向键（←，↑，→，↓）：显示旋转。

⑫ Ctrl + ↑：显示放大。

⑬ Ctrl + ↓：显示缩小。

⑭ Shift + 鼠标左键：显示旋转。

⑮ Shift + 鼠标右键：显示缩放。

⑯ Shift + 鼠标左键 + 右键：显示平移。

1.6　思考与简答

（1）CAXA 制造工程师 XP 的用户界面由几部分组成？

（2）在文件菜单下选择并入文件时，先要将零件保存成什么文件格式？

（3）菜单"显示"、"显示变换"、"显示重画"的作用分别是什么？

（4）CAXA 制造工程师零件的三种显示效果是什么？

（5）在操作软件的过程中，空格键的作用是什么？F5 键、F6 键、F7 键、F8 键、F9 键的作用分别是什么？

第2章 曲线绘制

实体生成所依赖的曲线组合称为草图，也称轮廓。草图是为生成实体而准备的一个封闭的平面曲线，是创建三维实体的基础。在 CAXA 制造工程师软件中提供了强大的二维绘图和草图设计功能，本章将通过几个平面草图的绘制，讲述各种草图绘制命令的应用及操作。

2.1 连杆轮廓图

本实例将通过连杆轮廓图的绘制，讲述直线命令、圆及圆弧命令的应用及操作方法，连杆轮廓图如图2.1所示。绘制连杆轮廓图的基本步骤如表2.1所示。

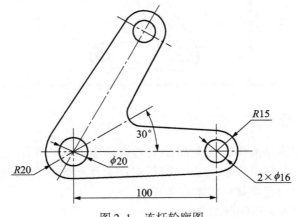

图 2.1　连杆轮廓图

表 2.1　绘制连杆轮廓图的基本步骤

步　骤	设计内容	设计结果图例	主要设计方法
1	画圆		圆/两点_半径
2	画直线		直线/两点线/非正交
3	画斜线		直线/角度线

续表

步　骤	设计内容	设计结果图例	主要设计方法
4	镜像图形	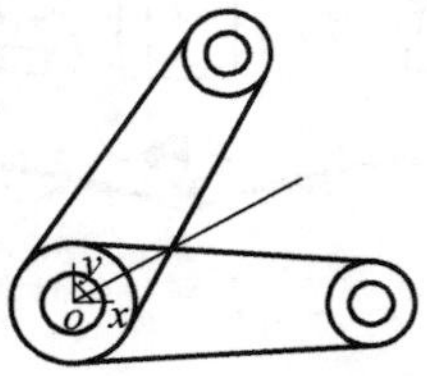	几何变换/平面镜像
5	倒圆角	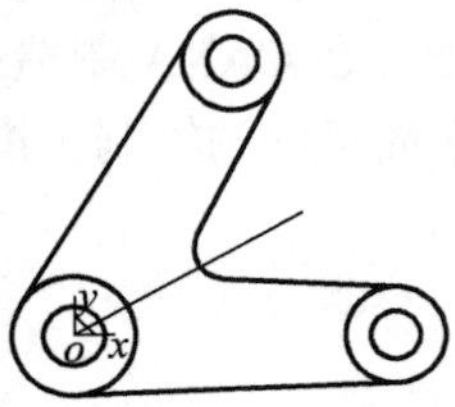	线面编辑/曲线过渡
6	删除多余的曲线	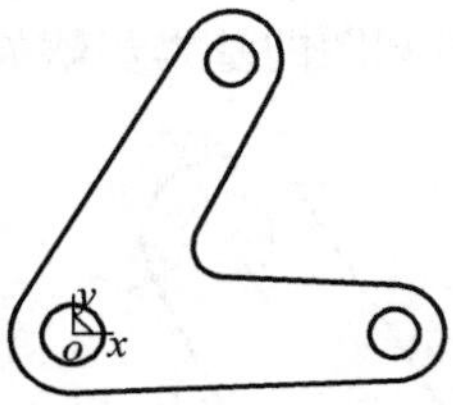	线面编辑/删除 线面编辑/曲线裁剪

2.1.1　基准平面

确定基准平面（简称基准面）是草图绘制的第一步，它的作用是确定草图在哪个基准平面上绘制，绘制草图的基准平面可以是特征树中系统给定的三个坐标平面，即平面 xy、平面 xz、平面 yz，也可以是实体生成的某个平面。

确定草图基准平面进入草图状态

① 鼠标拾取特征树中的平面 xy。

② 用鼠标单击"绘制草图"按钮 ，此时在特征树中添加了"草图 0"表示系统已经处于草图状态。

2.1.2　圆

圆是图形构成的基本要素，为了适应各种情况下圆的绘制，系统提供了"圆心_半径"、"三点"和"两点_半径"三种画圆方式，如图 2.2（a）所示。

① 单击"应用"选择"曲线生成"拾取"圆"；或者直接单击整圆命令 按钮。在快捷菜单中选取"圆心_半径"的画圆方式，此时系统提示"圆心点"，选择坐标系原点为圆心，分别画出直径为 φ20mm、φ10mm 的两个整圆，如图 2.2（b）所示。

② 单击整圆命令 按钮，当系统提示"圆心点"时，输入圆心的坐标"100，0，0"，分别画出直径为 φ15mm、φ8mm 的两个整圆，如图 2.2（c）所示。

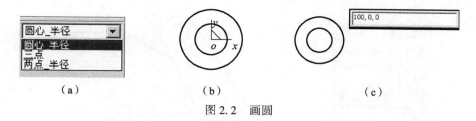

（a） （b） （c）

图 2.2 画圆

2.1.3 直线

直线是图形构成的基本要素，为了适应各种情况下直线的绘制。系统中的直线功能提供了两点线、平行线、角度线、切线/法线、角等分线和水平/铅垂线六种绘制方式。

（1）单击主菜单"应用"选择"曲线生成"拾取"直线"，或者单击直线命令按钮 \。在立即菜单中选取画线方式"两点线"选取"非正交"。

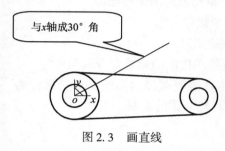

与x轴成30°角

图 2.3 画直线

（2）按空格键，激活点菜单，选择"切点"菜单项，依次拾取圆的切点绘制出两条直线，如图 2.3 所示。

（3）在立即菜单中选取"角度线"的画线方式，设置直线与 x 轴的夹角为"30°"，按空格键，在点菜单中选择"缺省点"，（注意：随时切换拾取点的特征，否则将不能拾取点，影响绘图），过原点画出一条直线，其长度自定，如图 2.3 所示。

2.1.4 平面镜像

对于对称的平面图形元素，可以只画出图形的一半，然后应用"平面镜像"命令，复制出另一半图形。

（1）单击主菜单"应用"选择"几何变换"拾取"平面镜像"选项，或者直接单击平面镜像命令按钮 ◢⊾，在立即菜单中选择"拷贝"选项。

（2）在系统出现"镜像线首点"和"镜像线末点"的提示下，拾取镜像线的两个端点，然后分别拾取要复制的图形元素，单击鼠标右键，完成操作，如图 2.4 所示。

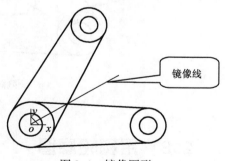

镜像线

图 2.4 镜像图形

2.1.5 曲线过渡

曲线过渡对指定的两条曲线进行圆弧过渡、尖角过渡或对两条直线倒角。曲线过渡共有三种方式：圆弧过渡、尖角过渡和倒角过渡。

（1）单击主菜单"应用"选择"线面编辑"拾取"曲线过渡"选项，或者直接单击曲线过渡命令按钮 ⌐。

（2）在立即菜单中选择"圆弧过渡"方式，设置圆角半径15mm，选择"裁剪曲线1"、"裁剪曲线2"，而后分别单击曲线1和曲线2完成倒圆角操作，如图 2.5 所示。

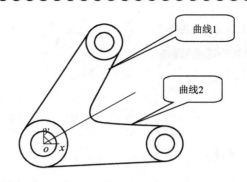

图 2.5　倒圆角

2.1.6　删除与修剪

应用"删除"命令和"修剪"命令去除多余的曲线，得到最终的图形轮廓。

（1）单击"编辑"→"删除"，或者直接单击删除命令按钮 ⌀。

（2）拾取要删除的元素，单击鼠标右键确认，即可删除元素。

（3）单击"应用"→"线面"→"曲线裁剪"，或直接单击曲线裁剪命令按钮 ✂。

（4）在立即菜单中选取"快速裁剪"方式，分别单击各需要裁掉的曲线，单击鼠标右键确定，即可删除各曲线，如图 2.6 所示。至此完成了连杆轮廓图的绘制。

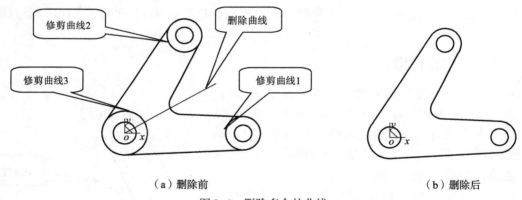

（a）删除前 　　　　　　　　　　　　　　　　　　　　（b）删除后

图 2.6　删除多余的曲线

2.2　吊钩轮廓图

绘制草图时，不仅要熟练掌握曲线绘制的各种命令，还要对构成图形各几何要素之间的连接关系、相互位置进行分析，从而找出绘图的方法及步骤，如图 2.7 所示为吊钩轮廓图，作图时就要先画出位置及大小都确定的元素，如 $\phi24$、$\phi12$、$R30$ 和 $R15$，然后再画出与之相连接的曲线。本实例通过吊钩轮廓图的绘制，介绍圆弧、等距、曲线拉伸、旋转等命令的应用与操作。

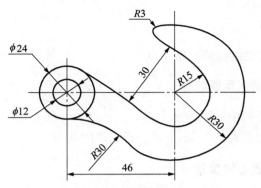

图 2.7　吊钩轮廓图

绘制吊钩轮廓图的基本步骤如表 2.2 所示。

表 2.2　绘制吊钩轮廓图的基本步骤

步　骤	设计内容	设计结果图例	主要设计方法
1	确定圆心位置		直线/水平 + 垂直 线面编辑/曲线拉伸 直线/平行线
2	绘制圆		曲线绘制 圆/圆心_半径
3	绘制等距线		曲线绘制/等距
4	绘制圆弧		曲线绘制/ 圆弧/两点_半径 线面编辑/曲线过渡
5	删除多余曲线		线面编辑/删除 线面编辑/曲线裁剪

2.2.1　曲线拉伸

曲线拉伸用于将指定曲线拉伸到指定点。

1. 确定草图基准面进入草图状态

（1）用鼠标拾取特征树中的平面 xy。

（2）用鼠标单击"绘制草图"按钮 ✐ ，进入草图状态。

2. 绘制辅助线确定圆心的位置

（1）单击直线命令按钮 ✎ ，选择"水平＋垂直"选项，设置长度为 30mm，在原点处画出两条相互垂直的直线，如图 2.8 所示。

（2）单击线面编辑工具条中的曲线延伸命令按钮 ━ ，系统提示"拾取曲线"，用鼠标单击水平直线，移动鼠标将直线延伸至需要的位置，如图 2.8 所示。

（3）单击直线命令按钮 ✎ ，选择"水平线"选项，"距离"方式，设置距离为 46mm，用鼠标拾取垂直线，选取箭头方向，如图 2.9 所示，画出一条与拾取线段平行的直线，直线的交点即为圆心，如图 2.10 所示。

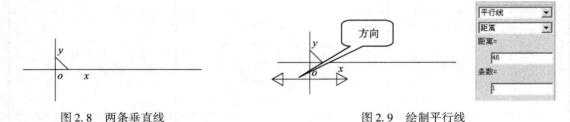

图 2.8　两条垂直线　　　　　　　　　　　　　图 2.9　绘制平行线

3. 画圆

单击画圆命令按钮 ⊕ ，在两交点出分别画出直径为 $\phi24$、$\phi12$ 和半径为 $R30$、$R15$ 的圆，如图 2.11 所示。

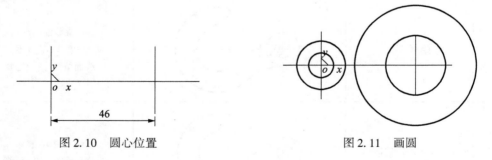

图 2.10　圆心位置　　　　　　　　　　　　　图 2.11　画圆

2.2.2　等距线

画出两条距离为 30mm 的直线，方法如下。

（1）单击"应用"→"曲线生成"→"直线"，或者单击直线命令按钮 ✎ 。在立即菜单中选取画线方式"两点线"选取"非正交"。

（2）按空格键，激活点菜单，选择"切点"菜单项，依次拾取圆的切点绘制出一条直线，如图 2.12 所示。

（3）单击"应用"→"曲线生成"→"等距线"，或者单击等距线命令按钮 ⊤，设置距离为 30mm，用鼠标单击直线，选择等距方向的箭头，画线一条与拾取直线相距 30 的直线，如图 2.13 所示。

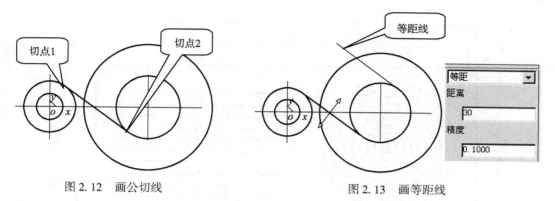

图 2.12　画公切线　　　　　　　　　　　　图 2.13　画等距线

2.2.3　圆弧

圆弧是图形构成的基本要素，为了适应各种情况下圆弧的绘制，圆弧功能提供了六种绘制方式：三点圆弧、圆心_起点_圆心角、圆心_半径_起终角、两点_半径、起点_终点_圆心角和起点_半径_起终角。

1. 画圆弧

（1）单击"应用"→"曲线生成"→"圆弧"，或者单击圆弧命令按钮 ⊕，在立即菜单中选择"两点_半径"方式。

（2）按空格键，激活点菜单，选择"切点"菜单项，依次拾取圆的切点绘制出一条圆弧线，输入半径 30mm，如图 2.14 所示。

（3）单击曲线裁剪命令按钮 ✂，删除等距线之间的圆弧线。

（4）单击曲线过渡命令，在 R30 圆弧线和等距线之间倒圆角，如图 2.14 所示。

2. 删除多余曲线

应用删除命令和曲线裁剪命令，删除多余的曲线，完成图形，如图 2.15 所示。

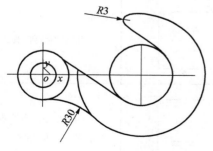

图 2.14　画圆弧

图 2.15　图形结果

2.3　机箱后盖轮廓图

通过本实例的学习，读者将学习如何采用阵列命令绘制具有多个相同结构的图形。机箱后盖轮廓图如图 2.16 所示。

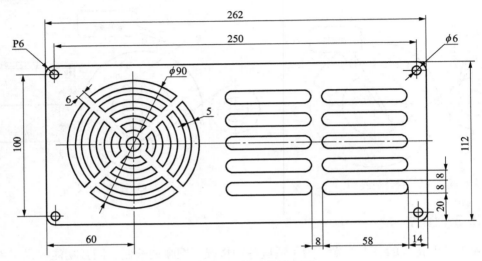

图 2.16　机箱后盖轮廓图

绘制机箱后盖轮廓图的基本步骤如表 2.3 所示。

表 2.3　绘制机箱后盖轮廓图的基本步骤

步　骤	设计内容	设计结果图例	主要设计方法
1	绘制矩形 四个小圆孔		曲线绘制/矩形 曲线绘制/圆
2	绘制弧形槽		曲线绘制/圆 曲线绘制/等距线 线面编辑/曲线裁剪
3	圆形阵列弧形槽		几何变换/阵列/圆形
4	绘制长槽		曲线绘制/等距线 曲线绘制/圆弧/三点

步　　骤	设计内容	设计结果图例	主要设计方法
5	矩形阵列长槽		几何变换/阵列/矩形
6	删除多余曲线		删除 曲线裁剪

2.3.1　矩形

1. 确定草图基准面进入草图状态

（1）用鼠标拾取特征树中的平面 xy。

（2）用鼠标单击"绘制草图"按钮，进入草图状态。

2. 绘制矩形外形

（1）单击"应用"→"曲线生成"→"矩形"，或者直接单击矩形命令按钮，在立即菜单中选择"中心_长_宽"方式，设置长为 262mm，宽为 112mm，以坐标原点为中心画出一矩形，如图 2.17 所示。

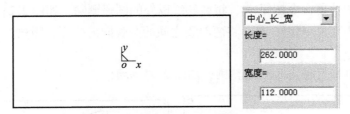

图 2.17　画矩形

（2）单击线面编辑工具条中的"曲线过渡"命令按钮，设置倒角半径为 6mm，将矩形各直角倒成圆角，如图 2.18 所示。

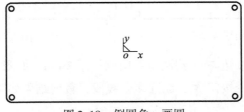

图 2.18　倒圆角、画圆

（3）单击整圆命令按钮，选择"圆心_半径"方式，按空格键，在工具点菜单中选择"圆心"，过各圆角的圆心画圆，其半径为 3mm，如图 2.18 所示。

2.3.2　阵列——圆形

对拾取到的曲线或曲面，按圆形方式进行阵列复制。

1. 确定弧形排风孔中心

（1）单击直线命令按钮 ╲，过坐标原点绘制一条水平线。

（2）单击等距线命令 ᚎ，画一条与左边线相距 60mm 的直线，该线与水平线的交点即为弧形排风孔的中心，如图 2.19 所示。

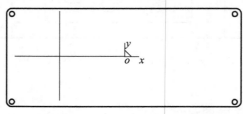

图 2.19　弧形排风孔中心

2. 画弧形排风孔

（1）单击整圆命令按钮 ⊙，选择"圆心_半径"方式，以弧形排风孔的中心为圆心，画出一个半径为 45mm 的圆。

（2）单击直线命令按钮 ╲，选择"角等分线"生成方式，设置分数 2，长度 50，然后分别拾取水平线和垂直线，过圆心画出两条与水平线成 45°夹角的斜线，如图 2.20 所示。

（3）单击曲线裁剪命令按钮 ✂，将两斜线以外的圆弧删除，如图 2.21 所示。

（4）单击等距线命令按钮 ᚎ，将两斜线之间的圆弧向内等距，距离为 5mm，如图 2.21 所示。

（5）在中心画一直径为 φ10 的整圆，如图 2.21 所示。

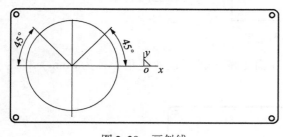

图 2.20　画斜线

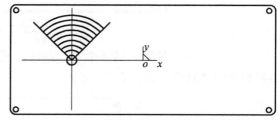

图 2.21　等距圆弧

（6）单击等距线命令按钮 ᚎ，将两斜线向内等距 3mm，如图 2.22 所示。

（7）单击曲线裁剪命令按钮 ✂，删除多余线段，裁剪结果如图 2.23 所示。

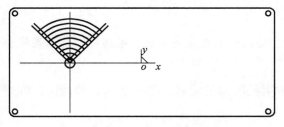

图 2.22 等距斜线   图 2.23 裁剪结果

3. 圆形阵列

（1）单击几何变换工具条中"阵列"命令按钮 ，在立即菜单中选择"圆形"、"均布"方式，设置"分数"为"4"，如图 2.24 所示。

（2）在系统"拾取元素"的提示下，拾取各圆弧槽，此时系统又提示"输入中心点"，用鼠标单击圆弧槽的中心，阵列完成，即可复制出其他弧形槽，如图 2.24 所示。

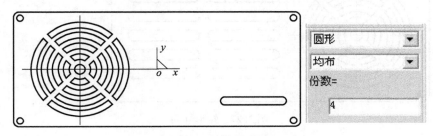

图 2.24 圆形阵列

2.3.3 阵列——矩形

对拾取到的曲线或曲面，按矩形方式进行阵列复制。

1. 绘制长圆形排风口

（1）应用等距线命令绘制出一个长方形，如图 2.25 所示。

（2）单击画圆弧命令，选择"三点圆弧"方式，按空格键调出"工具点菜单"，选择"切点"，分别单击三条直线画出两端圆弧，如图 2.26 所示。

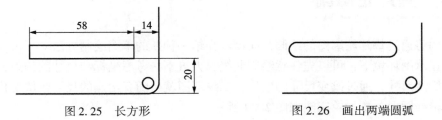

图 2.25 长方形   图 2.26 画出两端圆弧

2. 矩形阵列

（1）单击阵列命令按钮 ，在立即菜单中选取"矩形"，输入行数"5"，行距"16"，列数"2"，列距"−66"。

注意

　　当矩阵的生成方向与坐标轴的方向相反时，输入的数值应为负数，否则阵列的结果将会有变化。

　　（2）在系统"拾取元素"的提示下，拾取需要阵列的元素，单击鼠标右键确认，阵列完成，如图 2.27 所示。

3. 删除多余曲线

　　应用"删除"和"曲线裁剪"命令，删除多余曲线，完成全部图形，如图 2.28 所示。

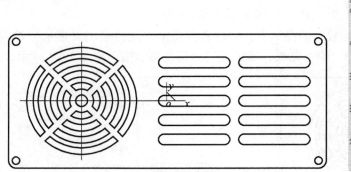

图 2.27　矩形阵列

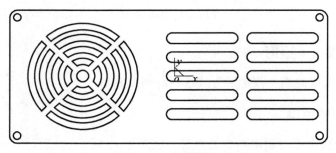

图 2.28　完成图形

2.4　垫片轮廓图

　　本实例将通过垫片轮廓图的绘制，向读者介绍一种新的草图绘制方法——尺寸参数化驱动绘图。在草图环境下，可以先任意绘制曲线，大可不必考虑坐标和尺寸的约束，然后对绘制的草图标注尺寸，通过改变尺寸的数值，二维草图就会随着给定的尺寸数值变化，达到最终需要的精确图形。垫片轮廓图如图 2.29 所示。

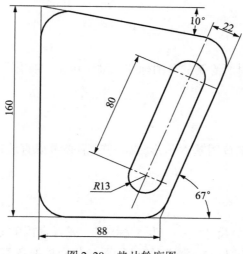

图 2.29　垫片轮廓图

绘制垫片轮廓图的基本步骤如表 2.4 所示。

表 2.4　绘制垫片轮廓图的基本步骤

步　骤	设计内容	设计结果图例	主要设计方法
1	任意绘制图形		曲线绘制/直线
2	标注尺寸		应用/尺寸/尺寸标注
3	修改尺寸驱动图形		尺寸/尺寸驱动
4	倒圆角		线面编辑/曲线过渡
5	绘制长圆槽 完成图形		曲线绘制/等距线 曲线绘制/圆

2.4.1 尺寸标注

在草图状态下，可以对所绘制的草图标注尺寸，单击"应用"→"尺寸标注"，就可以激活尺寸标注功能。

1. 绘制草图基本图形

单击直线命令，绘制出草图基本图形，画图时不必考虑直线的长度和角度，如图 2.30 所示。

2. 标注尺寸

（1）单击"应用"→"尺寸"→"尺寸标注"，或者直接单击尺寸标注命令按钮 ⬦ 。

（2）在系统"拾取尺寸标注元素"的提示下，分别拾取各直线，用鼠标拖动尺寸，选择合适的位置，标注出其尺寸，标注角度尺寸时，需要选取相邻两直线，操作完成，如图 2.31 所示。

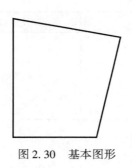

图 2.30 基本图形

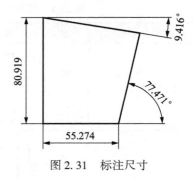

图 2.31 标注尺寸

注意

在非草图状态下，不能标注尺寸。

2.4.2 尺寸驱动

尺寸驱动用于修改某一尺寸，而图形的几何关系保持不变。在非草图状态下，不能驱动尺寸。

1. 应用尺寸驱动修改图形

（1）单击"应用"→"尺寸"→"尺寸驱动"，或者直接单击尺寸驱动命令按钮 ⬦ 。

（2）拾取要驱动的尺寸，在弹出的半径对话框中输入新的尺寸值，按 Enter 键确定，尺寸驱动完成。驱动后的图形如图 2.32 所示。

2. 完成图形其余部分

（1）单击曲线过渡命令，对图形倒角。

（2）绘制长圆槽，完成全部图形，如图 2.33 所示。

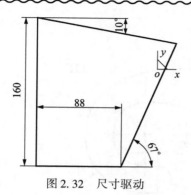

图 2.32　尺寸驱动

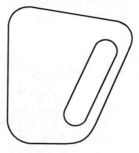

图 2.33　全部图形

2.5　上机实战

（1）按尺寸绘制连接块的平面图形。

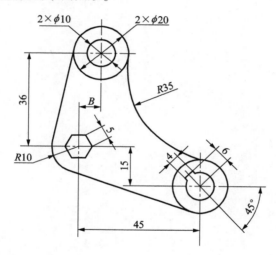

（2）按尺寸绘制扳手平面图形。

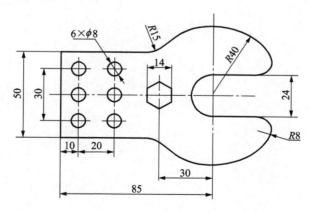

（3）按尺寸绘制吊钩平面图形。

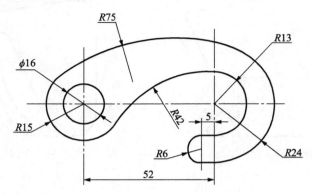

第3章 实体造型

实体造型又称特征造型，是零件设计模块的重要组成部分。

常见的零件特征包括孔、槽、型腔、凸台、圆柱体、锥体、球体、管子等，CAXA 制造工程可以方便地创建这些特征。

主要的特征工具有：拉伸增料、拉伸除料、放样增料、放样除料、旋转增料、旋转除料、导动增料、导动除料、过渡、倒角、筋板、抽壳、拔模、打孔、阵列等。

3.1 支架

支架是常见的典型机械零件，本节通过支架的实体造型，主要学习拉伸增料、拉伸除料、筋板等特征的创建方法，以及等距基准面的应用与创建。

支架轮廓图和实体如图 3.1 所示。

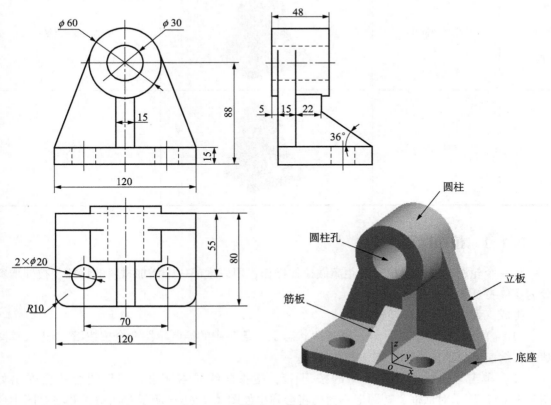

图 3.1 支架

创建支架的基本步骤如表 3.1 所示。

表 3.1   创建支架的基本步骤

步　　骤	设计内容	设计结果图例	主要设计方法
1	生成底座	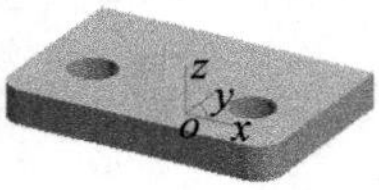	拉伸增料/固定深度
2	生成立板	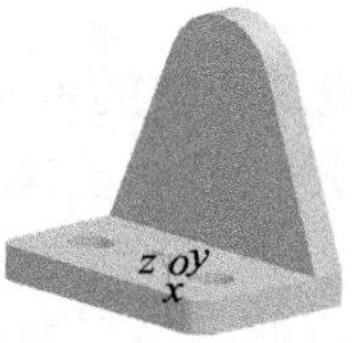	拉伸增料/固定深度
3	生成圆柱	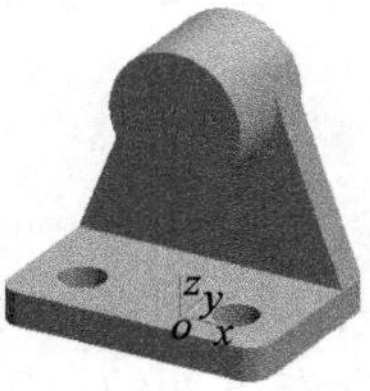	构造基准面/等距平面 拉伸增料/固定深度
4	生成圆柱孔	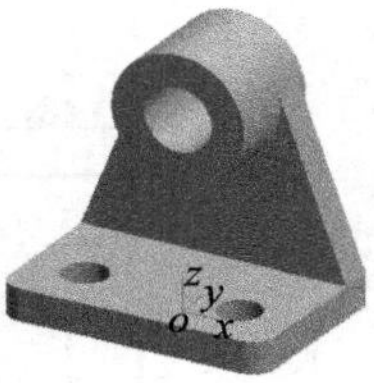	拉伸除料/贯穿
5	生成筋板	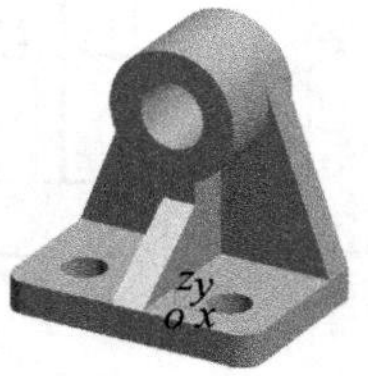	筋板

3.1.1 拉伸增料

将一个轮廓曲线根据指定的距离做拉伸操作，用以生成一个增加材料的特征。拉伸增料分为实体特征和薄壁特征。

生成支架底座的基本步骤如下。

（1）单击特征树中平面 xy，单击"状态工具条"中的绘制草图命令按钮 ，进入草图状态，绘制支架底座草图，如图 3.2 所示。

（2）单击"曲线工具条"中的按钮 ，检查曲线是否闭合，图形闭合将会弹出如图 3.3（a）所示对话框，若图形不封闭将会弹出如图 3.3（b）所示对话框，并在草图中用红色的点标记出来。注意用于进行实体造型的草图必须封闭。

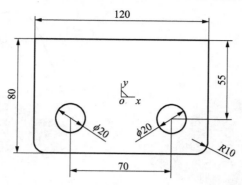

图 3.2　支架底座草图

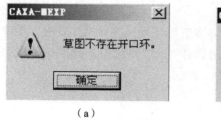

（a）

（b）

图 3.3　检查曲线是否闭合

（3）退出草图编辑状态，单击 ⬚ 按钮；或单击"造型"→"特征生成"→"增料"→"拉伸"，弹出"拉伸增料"对话框，分别设置拉伸的"类型、深度、拉伸对象、拉伸为"等选项，再单击"确定"按钮，生成支架底座，如图 3.4 所示。

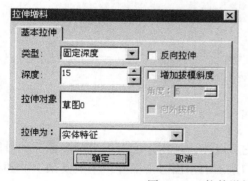

图 3.4　"拉伸增料"对话框及支架底座

3.1.2　曲线投影

指定空间曲线、实体上的边、曲面的边向指定的草图平面投影，得到该线段的投影并将其作为草图线。曲线投影功能只能在草图状态下使用。

生成支架立板的基本步骤如下。

（1）拾取支架底座的后侧面，单击鼠标右键弹出快捷菜单，选择"创建草图"命令，如图 3.5 所示。

（2）进入草图编辑状态后，选择"曲线工具条"中的"曲线投影"命令，选择上轮廓线，将该轮廓线投影到当前的草图平面上，然后绘制支架立板草图，如图 3.6 所示。

图 3.5　创建草图

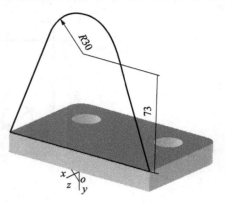

图 3.6　支架立板草图

（3）单击退出草图命令按钮 ，返回实体造型环境，单击 按钮，在弹出"拉伸增料"对话框中填写深度为"15"，选择"反向拉伸"，拉伸对象选择刚生成的草图，再单击"确定"按钮，生成支架立板，如图 3.7 所示。

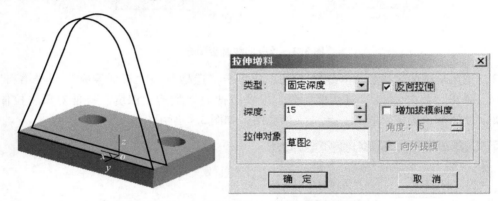

图 3.7　"拉伸增料"对话框及支架立板

3.1.3　构造基准面——等距面

基准平面是草图和实体赖以生存的平面，它可以是特征树中已有的坐标平面，也可以是实体中生成的某个平面，还可以是通过某特征构造出的平面。下面介绍生成支架上的圆柱。

创建一个与指定平面平行且相距指定距离的基准面称为等距面。创建时需要输入距离数值和选择基准面生成的方向，构造"等距面"的操作步骤如下：

（1）单击"构造基准面"按钮 ；或单击"造型"→"特征生成"→"基准面"，弹出"构造基准面"对话框，如图 3.8 所示。

（2）单击"构造基准面"对话框中"构造方法"中的第一格，选择"等距平面确定基准平面"的方法，设置距离为"5"，"构造条件"拾取图 3.8 中支架立板的后面，单击"确定"按钮，完成构造基准面的操作，即可创建一个与支架立板的后面相距 5mm 的基准面，如图 3.9 所示。

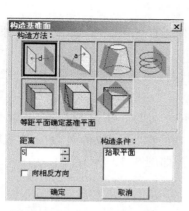

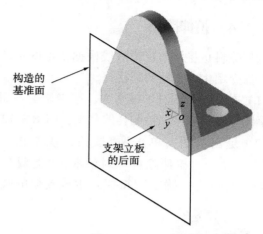

图 3.8　"构造基准面"对话框　　　　　图 3.9　基准面

（3）拾取特征树中刚创建的基准面"平面1"，单击 ✎ 按钮，进入草图状态，绘制如图 3.10 所示的草图。

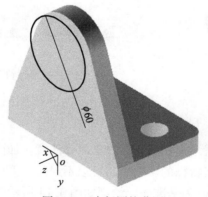

图 3.10　支架圆柱草图

（4）退出草图编辑状态，单击 ⬚ 按钮，在弹出的"拉伸增料"对话框中，拉伸类型选择"固定深度"，"拉伸对象"选择"草图3"，再单击"确定"按钮，生成支架上的圆柱，如图 3.11 所示。

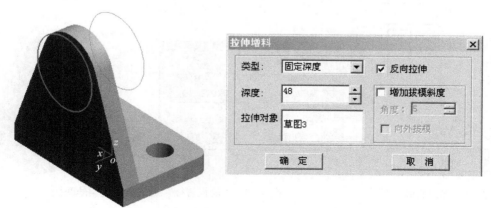

图 3.11　"拉伸增料"对话框及支架上的圆柱

3.1.4　拉伸除料

拉伸除料是将一个轮廓曲线根据指定的距离做拉伸操作，用以生成一个减去材料的特征。下面介绍生成支架的圆柱孔。

（1）拾取支架圆柱的前平面，单击鼠标右键弹出快捷菜单，选择"创建草图"命令，进入草图编辑状态后，绘制孔的草图，如图 3.12 所示。

（2）退出草图，单击 回 按钮；或单击"造型"→"特征生成"→"除料"→"拉伸"，弹出"拉伸除料"对话框，"类型"选择"贯穿"，"拉伸对象"拾取刚绘制的草图，再单击"确定"按钮，生成支架的圆柱孔，如图 3.13 所示。

 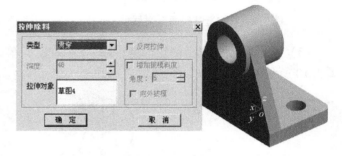

图 3.12　孔的草图　　　　图 3.13　"拉伸除料"对话框及支架的圆柱孔

3.1.5　筋板

筋板特征用于在指定位置增加加强筋。操作时要注意：加固方向应指向实体内侧，否则操作将会失败，用于创建筋板特征的草图形状可以不封闭。下面介绍生成支架的筋板。

（1）在特征树中选平面 yz 为基准面，绘制如图 3.14 所示的草图。

（2）退出草图，单击 按钮；或单击"造型"→"特征生成"→"筋板"，弹出"筋板特征"对话框，在"筋板厚度"中选择"双向加厚"，"厚度"为"15"，单击"确定"按钮，生成支架的筋板，如图 3.15 所示。

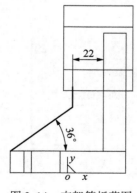  

图 3.14　支架筋板草图　　　　图 3.15　"筋板特征"对话框及支架的筋板

至此，支架零件的造型全部完成。

3.2 电源插头

电源插头由底盘、座体、引线头和导线几部分组成，该形体具有回转体特征，其中座体是非圆曲线形成的回转体，在该形体上均匀分布着三个直槽。本节将通过对电源插头的实体造型，学习旋转增料、旋转除料、过渡和导动增料等特征造型工具的应用与操作。

电源插头轮廓图及实体如图3.16 所示。

创建电源插头的基本步骤如表3.2 所示。

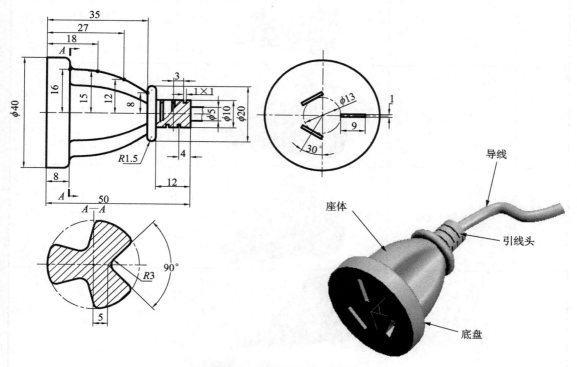

图 3.16 电源插头轮廓图及实体

表 3.2 创建电源插头的基本步骤

步　　骤	设计内容	设计结果图例	主要设计方法
1	绘制零件 主体草图		草图绘制命令
2	生成回转体		旋转增料

步　骤	设计内容	设计结果图例	主要设计方法
3	生成三个直槽	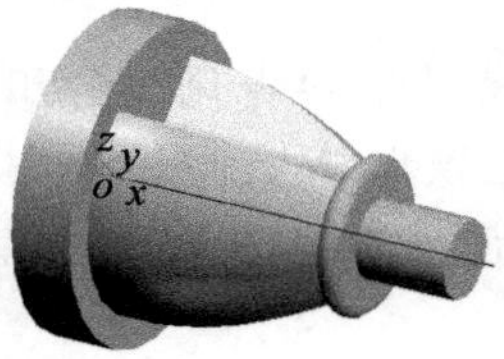	拉伸除料 拉伸到面
		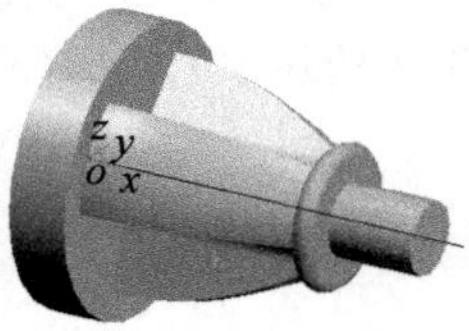	圆形阵列
4	生成过渡圆角	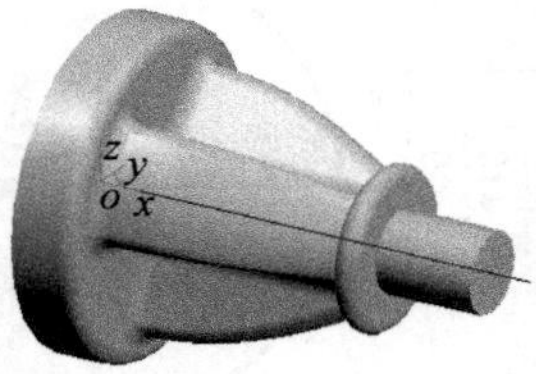	过渡命令
5	生成头部半圆槽	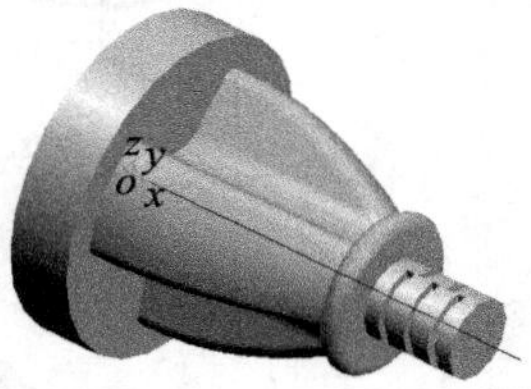	旋转除料
6	生成导线	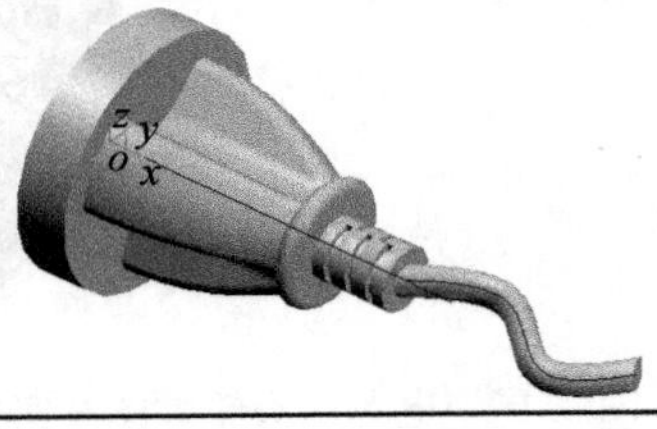	导动增料

3.2.1　旋转增料

旋转增料是通过围绕一条直线（旋转轴）旋转一个或多个封闭的草图轮廓，以增加生成一个特征。操作时要注意：轴线是空间曲线，需要在退出草图状态后绘制。

下面介绍生成电源插头的底盘、座体和引线头。

1. 绘制截面线

（1）选择特征树中的平面 xy，单击"绘制草图"按钮 ，进入绘制草图状态。

（2）绘制截面线，如图 3.17 所示。

2. 绘制旋转轴

退出草图状态，过原点 o 绘制旋转轴线，如图 3.18 所示。

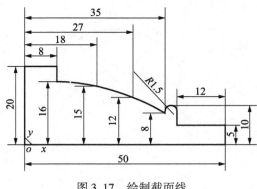

图 3.17　绘制截面线

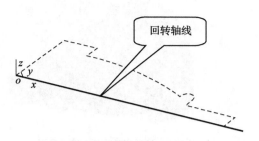

图 3.18　绘制旋转轴线

3. 旋转增料生成电源插头主体

（1）单击"应用"→"特征生成"→"增料"→"旋转"，或单击"旋转增料"按钮，弹出"旋转增料"对话框。

（2）在对话框中旋转类型有三种，其中"单向旋转"是指按照给定的角度数值进行单向的旋转；"对称旋转"是指以草图为中心平分，向相反的两个方向进行旋转；"双向旋转"是指以草图为起点，向两个方向进行旋转且角度值要分别输入。在此处选择"单向旋转"，"角度"为"360"，分别拾取截面草图和旋转轴线，然后单击"确定"按钮，生成电源插头主体，如图 3.19 所示。

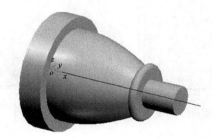

图 3.19　"旋转增料"对话框及电源插头主体

3.2.2 拉伸除料——拉伸到面

拉伸除料命令中的拉伸到面选项，是指拉伸位置以曲面为结束点进行的拉伸，操作中需要选择要拉伸的草图和拉伸到的曲面，电源插头中直槽的创建将会应用到此方法。下面介绍创建电源插头座体上的直槽。

1. 绘制草图

（1）选择电源插头底盘的右侧面作为草图绘制平面，然后单击"绘制草图"按钮 ，进入绘制草图状态，如图 3.20（a）所示。

（2）直槽的草图如图 3.20（b）所示。

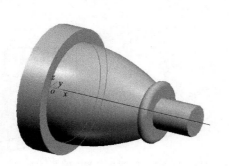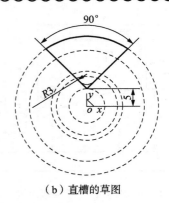

（a）选择直槽的草图绘制平面　　　　　　　　（b）直槽的草图

图 3.20　绘制直槽的草图

2. 创建直槽

单击"拉伸除料"按钮 ，弹出"拉伸除料"对话框，"类型"选择"拉伸到面"，"拉伸对象"为"草图 3"，拉伸的终止面为导线头靠近座体的一侧平面，单击"确定"按钮，生成直槽，如图 3.21 所示。

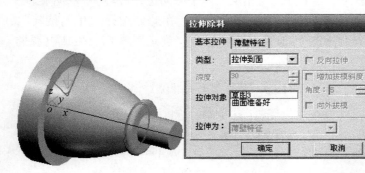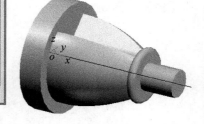

图 3.21　直槽的创建

3.2.3　环形阵列

环形阵列是将已经创建的特征，绕某基准轴旋转，将特征阵列为多个特征，构成环形阵列。操作时要注意的是基准轴应为空间直线。下面介绍创建其他直槽。

1. 基准轴

环形阵列中的基准轴，应为一条空间直线，此处选择刚才创建旋转实体时所用的旋转轴线即可。

2. 阵列直槽

单击"应用"→"特征生成"→"环形阵列"，或单击"环形阵列"命令按钮 ，系统将弹出"环形阵列"对话框，选择直槽为阵列对象，旋转增料的旋转轴线为基准轴，设置"角度"为"120"，数目为"3"，然后单击"确定"按钮，阵列直槽，如图 3.22 所示。

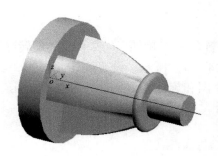

图 3.22 阵列直槽

3.2.4 圆角过渡

过渡是指以给定半径或半径规律对实体的边做光滑过渡。过渡分为"等半径过渡"和"变半径过渡"两种。下面介绍生成电源插头中的圆角。

单击"应用"→"特征生成"→"过渡"，或单击"过渡"按钮 ，系统弹出"过渡"对话框，设置"半径"为"2"，"过渡方式"为"等半径"，"结束方式"选择"缺省方式"，分别选择实体上需要倒圆角的边或面，单击"确定"按钮完成操作，如图 3.23 所示。

图 3.23 圆角过渡

3.2.5 旋转除料

通过围绕一条空间直线，旋转一个或多个封闭轮廓，移除生成一个特征的方法称为旋转除料。需要注意的是：轴线是空间曲线，需要退出草图状态后再绘制。下面介绍创建导线头的凹槽。

由于导线头上的凹槽为环形，因此可应用旋转除料的方法创建凹槽。

1. 绘制凹槽草图

（1）选择特征树中平面 xy 作为草图平面，单击"绘制草图"按钮 ，进入绘制草图状态。

（2）按图 3.24（a）所示图形绘制凹槽草图。

2. 旋转除料

单击"应用"→"特征生成"→"除料"→"旋转"，或单击"旋转除料"按钮，系统将弹出"旋转除料"对话框，如图 3.24（b）所示。设置旋转除料的"类型"为"单向旋转"，"角度"为"180"，拾取凹槽草图和旋转轴线，然后单击"确定"按钮完成操作，旋转除料后的结果如图 3.24（c）所示。

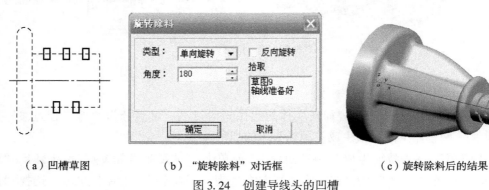

（a）凹槽草图　　　　　（b）"旋转除料"对话框　　　　　（c）旋转除料后的结果

图 3.24　创建导线头的凹槽

3.2.6　导动增料

将一封闭的草图轮廓线沿着一条轨迹线运动，生成一个特征实体的方法称为导动增料。其中草图轮廓线是机件的截面，轨迹线也称为导动线，是空间曲线，需要退出草图状态后绘制。截面线与导动线如图 3.25（a）所示。

导动的方法有两种，其中"平行导动"是指截面线沿导动线趋势始终平行它自身移动而生成的特征实体，如图 3.25（b）所示；固接导动是指在导动过程中，截面线和导动线保持固接关系，即让截面线平面与导动线的切矢方向保持相对角度不变，而且截面线在自身相对坐标架中的位置关系保持不变，截面线沿导动线变化的趋势导动生成特征实体，如图 3.25（c）所示。

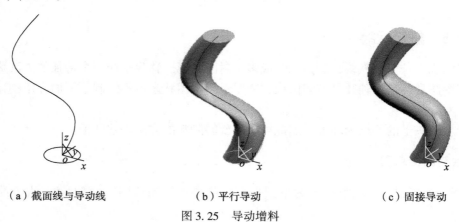

（a）截面线与导动线　　　　　（b）平行导动　　　　　（c）固接导动

图 3.25　导动增料

下面介绍生成导线，导线的截面为圆形，其长度方向弯曲不直，因此可以采用导动增料的方法生成其形状。

1. 绘制截面线

单击导线头的右端面，使其作为草图绘制平面，然后单击"绘制草图"按钮 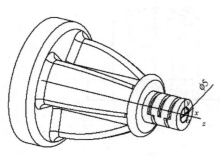，进入绘制草图状态，绘制截面线，如图 3.26 所示。

2. 绘制导动线

退出绘制草图状态，按 F9 键将绘图平面切换到 xy 平面，单击"样条线"按钮，在 xy 平面内绘制一条空间曲线，即导动线，如图 3.27 所示。

图 3.26　绘制截面线　　　　　　　图 3.27　绘制导动线

3. 生成导线

单击"应用"→"特征生成"→"增料"→"导动"，或单击"导动增料"按钮 ，系统弹出"导动增料"对话框，如图 3.28 所示，用鼠标分别选取草图截面线和导动线，确定导动方式为"固接导动"，单击"确定"按钮完成操作，导动增料的结果如图 3.29 所示。

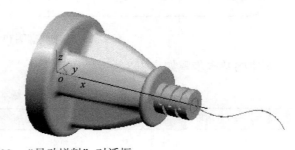

图 3.28　"导动增料"对话框

图 3.29　导动增料的结果

至此电源插头的造型设计全部完成。

3.3 底座

零件底座由底板、锥形沉孔、斜柱体及内孔组成，通过该零件的实体造型，介绍打孔、线性阵列和创建倾斜基准面等命令的应用与操作方法。

底座轮廓图和实体如图 3.30 所示。

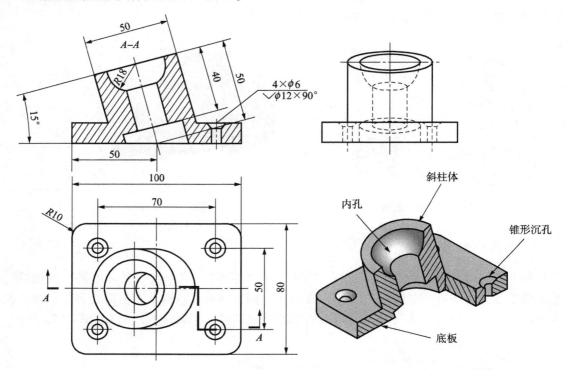

图 3.30　底座轮廓图和实体

创建底座的基本步骤如表 3.3 所示。

表 3.3　创建底座的基本步骤

步　　骤	设计内容	设计结果图例	主要设计方法
1	生成底座		拉伸增料/固定深度
2	生成锥形沉孔		打孔/锥形沉孔
			线性阵列

步　骤	设计内容	设计结果图例	主要设计方法
3	生成倾斜基准面		构造基准面 过直线与平面成夹角
4	生成平行面		构造基准面 等距平面
5	生成斜柱体		拉伸增料 拉伸到面
6	生成内孔		旋转除料

3.3.1　打孔

打孔是指在平面上直接去除材料生成各种类型的孔。下面生成底板及锥形沉孔。

1. 生成零件底座的底板

（1）选择特征树下的 xy 平面作为草图平面，然后单击"绘制草图"按钮 ，进入绘制草图状态，绘制出底板轮廓图，如图 3.31 所示。

（2）单击"应用"→"特征生成"→"增料"→"拉伸"，或单击"拉伸增料"按钮 ，在弹出的"拉伸增料"对话框中，设置固定深度为"10"，单击"确定"按钮，拉伸底板，如图 3.32 所示。

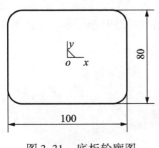

图 3.31　底板轮廓图

图 3.32　拉伸底板

2. 打孔

（1）绘制草图点。

① 单击底板上面作为草图绘制平面，然后单击"绘制草图"按钮 ✐，进入绘制草图状态，单击画"点"命令，在平面上画出一点。

② 单击"曲线工具栏"→"尺寸标注"，分别标注该点的尺寸，如图 3.33（a）所示，然后单击"曲线工具栏"→"尺寸驱动"，分别将尺寸修改为"25"、"35"，如图 3.33（b）所示。

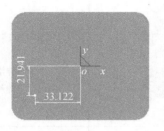   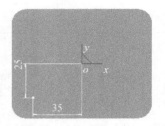

（a）画点并标注尺寸   （b）修改尺寸

图 3.33 绘制草图点

（2）打孔。

① 单击"应用"→"特征生成"→"孔"；或者直接单击按钮 ⬚，弹出"孔的类型"对话框，如图 3.34 所示。

② 系统提示拾取打孔平面，用鼠标单击底板上表面，然后选择孔的类型，拾取草图点作为孔的定位点，然后单击"下一步"按钮，如图 3.34 所示。

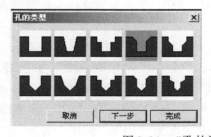   

图 3.34 "孔的类型"对话框的应用

③ 此时系统将弹出"孔的参数"对话框，"直径"为"6"，选择"通孔"选项，"沉孔直径"为"12"，"沉孔角度"为"90"，然后单击"确定"按钮完成操作，如图 3.35 所示。

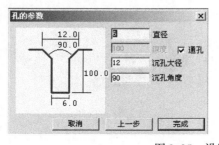   

图 3.35 设置孔的参数

3.3.2 线性阵列

通过线性阵列可以沿一个方向或多个方向快速进行特征的复制。底板上的其他锥形沉孔可以应用线性阵列的方法创建。下面介绍创建其他沉孔。

（1）单击"应用"→"特征生成"→"线性阵列"，或者直接单击工具按钮，系统弹出"线性阵列"对话框，如图 3.36（a）所示。

（2）设置第一方向，选择底板中创建的孔为阵列对象，用鼠标单击实体上的孔或在特征树中选择"打孔"操作步骤，单击选择方向选取框后，选择实体上的一条边，选择"反转方向"选项，以确保孔的位置不偏离实体，如图 3.36（b）所示，输入距离"50"，数目"2"。

（a）"线性阵列"对话框 　　　　（b）设置第一方向

图 3.36　设置线性阵列第一方向的参数

（3）设置第二方向，打开方向列表，选择"第二方向"，选择底板长边指定其方向，如图 3.37 所示，输入距离"70"，数目"2"，然后单击"确定"按钮完成操作，阵列结果如图 3.38 所示。

图 3.37　设置线性阵列第二方向的参数 　　　　图 3.38　阵列结果

3.3.3 构造基准面——过直线与平面成夹角

过直线与平面成夹角所确定的基准面是与指定平面倾斜的平面，可用于倾斜结构的实体造型。从底座轮廓图中可以看到，零件中的圆柱体与底板的位置是倾斜的，在创建该结构时需要构造一个与底面倾斜 15°角的基准面。下面介绍生成零件的斜柱体。

1. 创建倾斜基准面

（1）按 F8 键，使实体成正等轴测状态，为作图方便可以单击显示工具栏中的"线框显示"按钮，使图形为线框显示，在零件底面的中点绘制一条直线，如图 3.39 所示。

（2）单击"应用"→"特征生成"→"基准面"，或者直接单击按钮 ⊗，系统弹出"构造基准面"对话框，如图 3.40 所示。

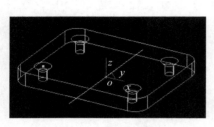
　　　　　　图 3.39　绘制一条直线

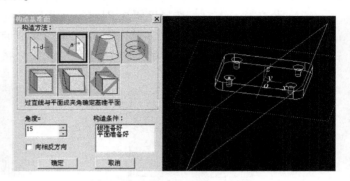
　　　　　　　图 3.40　"构造基准面"对话框

（3）选择"过直线与平面成夹角确定基准平面"的构造方法，输入角度"15"，选择构造条件，拾取平面 xy 或底板下面，构造条件列表显示"平面准备好"，拾取直线后列表中显示"线准备好"，然后单击"确定"按钮，倾斜基准面如图 3.41 所示。

2. 创建等距面

单击"应用"→"特征生成"→"基准面"，或者直接单击按钮 ⊗，系统弹出"构造基准面"对话框，选择"等距平面确定基准平面"的构造方法，输入距离"50"，选择刚创建的倾斜基准面，然后单击"确定"按钮，创建等距面如图 3.42 所示。

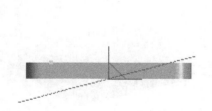
　　　　　　图 3.41　倾斜基准面

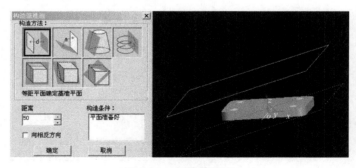
　　　　　　　图 3.42　创建等距面

3. 创建斜柱体

（1）选择等距面作为草图绘制平面，单击"绘制草图"按钮 ✐，进入绘制草图状态，画出斜柱体截面草图，如图 3.43 所示，注意圆心位置要正确。

（2）单击"应用"→"特征生成"→"增料"→"拉伸"，或者直接单击按钮 ⊗，激活拉伸增料命令，在对话框中选择拉伸类型为"拉伸到面"，选择底板上面，单击"确定"按钮，生成斜柱体如图 3.44 所示。

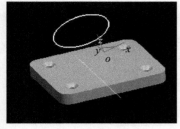
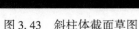

图 3.43 斜柱体截面草图

图 3.44 生成斜柱体

4. 应用旋转除料命令创建内孔

（1）选择 xz 平面进入草图绘制状态，绘制内孔草图，如图 3.45 所示。

（2）单击"应用"→"特征生成"→"除料"→"旋转"，或单击"旋转除料"按钮，系统将弹出"旋转除料"对话框，设置旋转除料的类型为"单向旋转"，旋转角度"360"，拾取内孔草图和旋转轴线，然后单击"确定"按钮完成操作，旋转除料后的底座实体造型如图 3.46 所示。

图 3.45 内孔草图

图 3.46 底座实体造型

至此完成零件底座的全部造型。

3.4 螺杆

螺杆形体的主要特征为回转体，在实体造型中应用前面讲过的旋转增料的造型方法可以方便地创建螺杆的主体形状。此外，在螺杆上还有三角形螺纹，在本节中将通过螺杆的实体造型设计，介绍公式曲线、过点且垂直曲线构造基准面和应用导动除料、倒角等特征造型的方法。

螺杆轮廓图和实体如图 3.47 所示。

创建螺杆的基本步骤如表 3.4 所示。

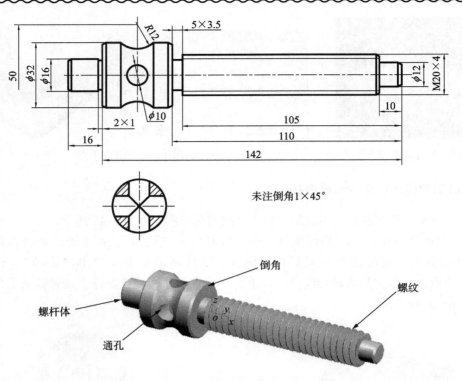

未注倒角 1×45°

图 3.47　螺杆轮廓图及实体

表 3.4　创建螺杆的基本步骤

步　骤	设计内容	设计结果图例	主要设计方法
1	绘制草图		绘制草图命令 直线、圆弧
2	生成螺杆坯体		旋转增料
3	生成倒角		倒角命令
4	生成通孔		拉伸除料 双向拉伸
5	生成螺纹公式曲线		公式曲线
6	生成螺纹		基准面 导动除料

3.4.1　倒角

倒角是指对实体的棱边进行光滑过渡，倒角命令不是在草图的基础上创建的，而是直接选择实体上需要倒角过渡的边，要注意两个平面的边才可以倒角。因此在应用该命令前先要创建出基本实体。

1. 创建螺杆坯体

因为螺杆坯体为回转体，应用旋转增料命令生成实体比较方便。

（1）绘制草图

用鼠标单击平面 xy 作为绘制草图的基准平面，然后单击"绘制草图"按钮 ，进入草图状态。按图 3.48 中的尺寸绘制螺杆主体旋转截面草图。

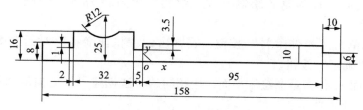

图 3.48　旋转截面图

（2）旋转生成螺杆坯体

① 退出草图，过轴线绘制一空间直线作为旋转轴。

② 单击"应用"→"特征生成"→"增料"→"旋转"，或者直接单击旋转特征按钮 ，弹出"旋转"对话框，设置参数，如图 3.49 所示。

③ 单击"确定"按钮，完成造型。

图 3.49　创建螺杆坯体

2. 创建倒角

（1）单击"应用"→"特征生成"→"倒角"，或者直接单击"倒角"按钮 ，弹出"倒角"对话框。

（2）在对话框中设置参数，"距离"为"1"，"角度"为"45"，分别选择各圆柱表面的边线，单击"确定"按钮，完成倒角的造型，如图 3.50 所示。

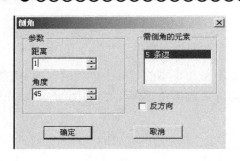
（a）"倒角"对话框

（b）倒角结果

图 3.50 创建倒角

3. 创建通孔

（1）单击平面 xy 作为草图绘制平面，绘制一个直径为 $\phi10$ 的圆，即通孔草图，如图 3.51（a）所示。

（2）用鼠标单击"拉伸除料"按钮，在弹出的"拉伸增料"对话框中选择"双向拉伸"，然后单击"确定"按钮。

（3）单击平面 xy 作为草图绘制平面，用相同的方法创建另一方向的通孔，完成通孔的造型，如图 3.51（b）所示。

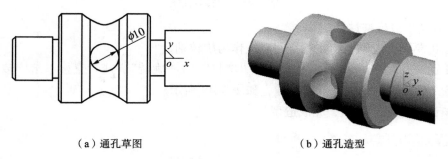

（a）通孔草图　　　　　　　　　　　　　　　（b）通孔造型

图 3.51 创建通孔

3.4.2 公式曲线

公式曲线即是数学表达式的曲线图形，也就是根据数学公式（或参数表达式）绘制出相应的数学曲线，公式的给出既可以是直角坐标形式的，也可以是极坐标形式的。公式曲线为用户提供一种更方便、更精确的作图方法，以适应某些精确型腔，轨迹线型的作图设计。用户只要交互输入数学公式，给定参数，计算机便会自动绘制出该公式描述的曲线。下面介绍创建螺旋线的方法。

1. 设置螺旋线的参数

从图 3.47 的螺杆轮廓图中可知，螺纹代号为 M20×4，即螺纹半径为 10、螺距（导程）为 4。

单击"应用"→"曲线生成"→"公式曲线"，或者直接单击"曲线工具"工具栏中的"公式曲线"按钮 $f(x)$，系统弹出"公式曲线"对话框，如图 3.52 所示。在对话框中输入螺旋线。

$$X(t) = 半径 * \cos(t) = 10 * \cos(t)$$
$$Y(t) = 半径 * \sin(t) = 10 * \sin(t)$$
$$Z(t) = 导程 * t/2\pi = 4 * t/2 * 3.14$$

起始值：0（即螺旋线的起始角）；

终止值：螺旋线圈数 $* 2\pi = 24 * 6.28 = 150.72$。

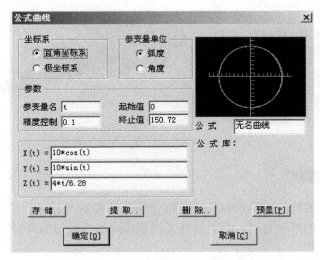

图 3.52 "公式曲线"对话框

2. 放置螺旋线

（1）按 F9 键，将坐标平面切换到 yz 平面，以保证螺旋线的方向与螺杆一致。

（2）单击键盘上的空格键，在弹出的文本框内输入螺旋线的定位点（-1，0，0），这样做是为了防止螺纹的起始部分出现没有切除螺纹的部分。将螺旋线附着在螺杆上，如图 3.53 所示。

螺旋线

图 3.53 放置螺旋线

3.4.3 基准面——过点且垂直于曲线构造基准面

通过一点生成垂直于边线、轴线或曲线的基准面。其构造方法如下：

（1）单击"造型"→"特征生成"→"基准面"，或单击"创建基准面"按钮 ⬙，弹出"构造基准面"对话框，在对话框中选择过点且垂直于曲线构造基准面的方式，如

图 3.54 所示。

（2）分别拾取螺旋线和螺旋线的端点，单击"确定"按钮，完成基准面的创建，如图 3.54 所示。

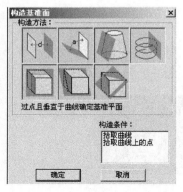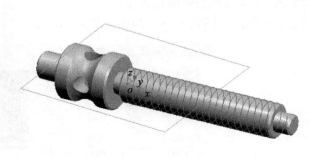

图 3.54　过点且垂直于曲线构造基准面

3.4.4　导动除料

将某一截面曲线或轮廓线沿着另外一条轨迹线运动移出一个特征实体。其中轮廓截面线是指需要导动的封闭的草图轮廓，而轨迹线是指草图导动所经过的路径，轨迹线是非草图的空间曲线。

1. 绘制螺纹牙型草图

选择新创建的基准面为草图绘制平面，绘制螺纹牙型草图，如图 3.55 所示。

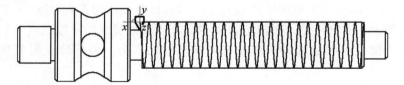

图 3.55　螺纹牙型草图

2. 应用导动除料命令创建螺纹

（1）单击"应用"→"特征生成"→"除料"→"导动除料"，或单击"导动除料"按钮，弹出"导动除料"对话框。

（2）选择螺纹牙型槽图为轮廓截面线，选择螺旋线为轨迹线，选项控制为固接导动，单击"确定"按钮，完成螺纹造型，如图 3.56 所示。

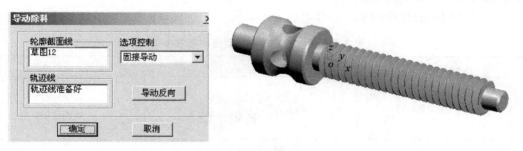

图 3.56　创建螺纹

至此完成了零件螺杆的全部造型设计。

3.5　楼宇对讲机底座

楼宇对讲机底座是不规则的壳类形体，通过它的实体造型过程，介绍拔模、放样增料、放样除料及抽壳等命令的应用。

楼宇对讲机的轮廓图及实体如图 3.57 所示。

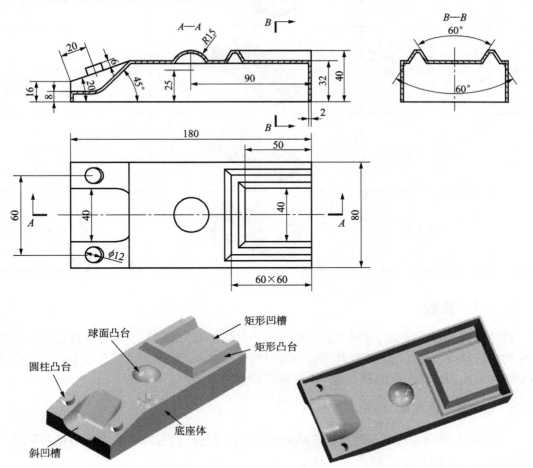

图 3.57　楼宇对讲机的轮廓图及实体

创建楼宇对讲机底座的基本步骤如表 3.5 所示。

表 3.5　创建楼宇对讲机底座的基本步骤

步　　骤	设计内容	设计结果图例	主要设计方法
1	生成底座体		拉伸增料 双向拉伸
2	生成矩形凸台		拉伸增料 拔模
3	生成矩形凹槽		拉伸除料 拔模
4	生成底座斜槽		拉伸除料 双向拉伸
5	生成底座球形凸台		旋转增料
6	生成底座圆柱凸台		拉伸增料/固定深度
7	生成壳体		抽壳命令

3.5.1　拔模

拔模是指保持中性面与拔模面的交轴不变并以此交轴为旋转轴，对拔模面进行相应拔模角度的旋转操作。此功能用来对几何面的倾斜角进行修改。楼宇对讲机底座上的矩形凸台和矩形凹槽可应用拔模命令创建，具体操作步骤如下。

1. 创建梯形底座体

（1）按 F8 键将坐标系调整到正等轴测状态，选择特征树下的平面 xz 作为草图平面，绘制底座体草图，如图 3.58 所示。

（2）单击拉伸增料命令按钮 ，选择双向拉伸，设置拉伸距离为 80，单击"确定"按钮完成底座体造型，如图 3.59 所示。

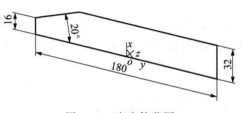

<table>
<tr><td>图 3.58 底座体草图</td><td>图 3.59 底座体造型</td></tr>
</table>

2. 创建矩形凸台

（1）单击底座体的上面进入草图，绘制凸台草图，如图 3.60（a）所示。

（2）单击拉伸命令按钮 ▣ ，选择凸台草图，设置拉伸距离为 8，单击"确定"按钮，拉伸矩形凸台，如图 3.60（b）所示。

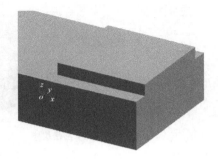

（a）凸台草图 　　　　　　　　　　　　　　（b）拉伸凸台

图 3.60 拉伸矩形凸台

（3）创建拔模凸台。

① 单击"应用"→"特征生成"→"拔模"，或者直接单击工具按钮 ▣ ，系统弹出"拔模"对话框，如图 3.61（a）所示。

② 设置拔模类型为"中立面"，单击矩形凸台的顶面作为中性面，此时在显示框内显示"面<0>"，设置拔模角度为"30"，单击拔模面的显示框，此时显示框呈粉红色，然后分别选择凸台的三个表面，如图 3.61（b）所示，最后单击"确定"按钮结束操作，拔模结果如图 3.61（c）所示。

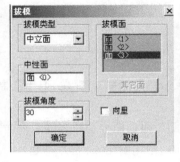

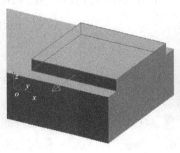

（a）"拔模"对话框 　　　　（b）选择拔模面 　　　　（c）拔模结果

图 3.61 拔模

（4）创建矩形凹槽。

① 单击凸台体的上面进入草图，绘制凹槽草图，如图 3.62（a）所示。

② 单击拉伸除料命令按钮 ⊡，选择凹槽草图，设置拉伸距离为"8"，单击"确定"按钮，拉伸除料的结果，如图 3.62（b）所示。

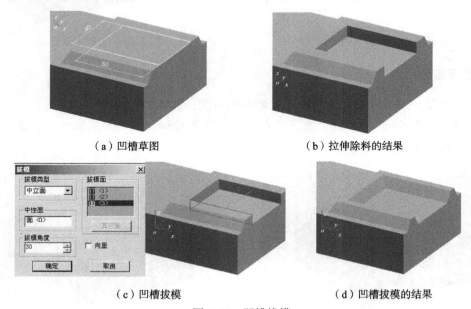

（a）凹槽草图　　　　　　　　　　（b）拉伸除料的结果

（c）凹槽拔模　　　　　　　　　　（d）凹槽拔模的结果

图 3.62　凹槽拔模

③ 单击工具按钮 ⊟，系统弹出"拔模"对话框，如图 3.62（c）所示。设置拔模类型为"中立面"，单击矩形凹槽的底面作为中性面，此时在显示框内显示"面 < 0 >"，设置拔模角度为"30"，单击拔模面的显示框，此时显示框呈粉红色，然后分别选择凸台的三个表面，如图 3.62（c）所示，最后单击"确定"按钮结束操作，凹槽拔模的结果如图 3.62（d）所示。

3.5.2　放样增料与放样除料

楼宇对讲机底座上的凸台和凹槽还可以用放样增料和放样除料命令创建，放样增料是根据多个截面线轮廓创建一个实体，而放样除料则是根据多个截面线轮廓移出一个实体，此截面线应为草图轮廓。下面通过应用介绍放样增料和放样除料命令的操作方法。

1. 创建矩形凸台

（1）绘制草图。

① 选择底座体的上面作为草图绘制平面，绘制如图 3.63（a）所示的草图 1，退出绘制草图状态。

② 单击构建基准面命令按钮 ◇，在系统弹出的"构造基准面"对话框中选择"等距平面"选项，设置距离为"8"，单击"确定"按钮即可创建一张与底座体上面相距 8mm 的基准面。

③ 选择新建的基准面作为草图平面，绘制如图 3.63（b）所示草图 2，退出草图状态。

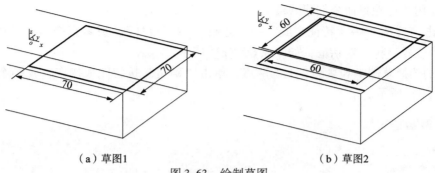

（a）草图1　　　　　　　　　（b）草图2

图 3.63　绘制草图

（2）应用放样增料命令创建凸台。

① 单击"应用"→"特征生成"→"增料"→"放样"，或者直接单击工具按钮 ，系统弹出"放样"对话框，如图 3.64（a）所示。

② 分别选择上边草图的第 1 点和下边草图的第 2 点，如图 3.64（b）所示，注意草图上的选择点要一致，否则实体会发生扭曲，单击"确定"按钮结束命令。放样增料的结果如图 3.64（c）所示。

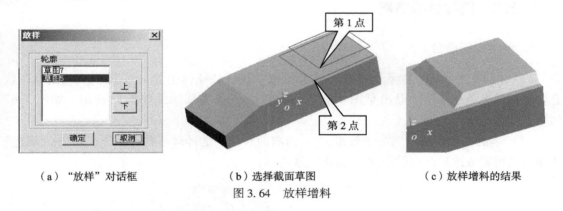

（a）"放样"对话框　　　　（b）选择截面草图　　　　（c）放样增料的结果

图 3.64　放样增料

2. 创建凹槽

（1）绘制草图。

① 单击凸台的顶面进入草图绘制状态，绘制如图 3.65（a）所示的草图 1，退出草图状态。

② 单击底座体上面进入草图绘制状态，绘制如图 3.65（b）所示的草图 2，退出草图状态。

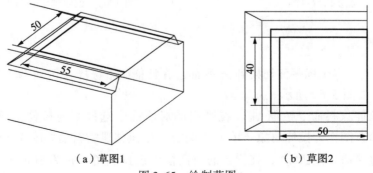

（a）草图1　　　　　　　　　（b）草图2

图 3.65　绘制草图

（2）应用放样除料命令创建凹槽。

① 单击"应用"→"特征生成"→"除料"→"放样"，或者直接单击工具按钮 ⬛，系统弹出"放样除料"对话框，如图 3.66（a）所示。

② 分别选择草图 1 和草图 2 上的两点，单击"确定"按钮完成操作，放样除料的结果如图 3.66（b）所示。

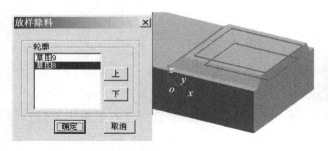

（a）"放样除料"对话框　　　　　　　　　　　　（b）放样除料的结果

图 3.66　放样除料

3.5.3　创建其他结构

1. 创建球形凸台

（1）按 F6 键，将坐标系切换到 yz 坐标平面，选择特征树中的 yz 平面进入绘制草图状态，绘制球形凸台草图。退出草图状态后过原点画一条非草图线作为回转轴，如图 3.67 所示。

（2）单击"旋转增料"命令按钮 🔄，拾取回转轴，选择球形凸台草图，单击"确定"按钮，即可完成球形凸台的创建，如图 3.68 所示。

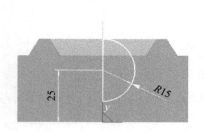

图 3.67　球形凸台草图

图 3.68　创建球形凸台

2. 创建斜槽

（1）按 F7 键，将坐标平面切换到 xz 平面，在特征树下选择 xz 平面作为绘制草图平面，绘制斜槽草图，如图 3.69 所示。

（2）单击拉伸除料命令按钮 🔲，在弹出的对话框中选择双向拉伸，设置拉伸距离为"40"，拾取斜槽草图作为拉伸对象，单击"确定"按钮创建的斜槽如图 3.70 所示。

（3）单击过渡命令按钮 📦，在弹出的对话框中设置圆角半径为 10mm，分别选择斜槽两侧的轮廓线，单击"确定"按钮完成圆角过渡，如图 3.71 所示。

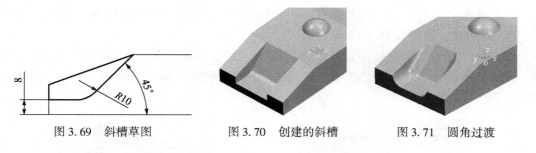

图 3.69　斜槽草图　　　　　图 3.70　创建的斜槽　　　　　图 3.71　圆角过渡

3. 创建底座圆柱凸台

（1）过三点构造基准面。单击构造基准面命令按钮 ◇，在弹出的对话框中选择"三点确定基准平面"的构造方法，在实体上拾取三个点，单击"确定"按钮基准面构造完成，如图 3.72 所示。

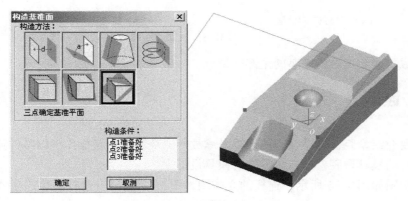

图 3.72　过三点构造基准面

（2）选择刚构造的基准面为草图平面，进入草图绘制状态，绘制圆柱凸台草图，如图 3.73 所示。

（3）单击拉伸增料命令按钮 🔲，选择拉伸类型为固定深度，深度值为 6mm，拉伸对象为圆柱凸台草图，然后单击"确定"按钮，完成圆柱凸台的创建，如图 3.74 所示。

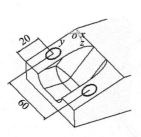

图 3.73　圆柱凸台草图

图 3.74　创建圆柱凸台

3.5.4　抽壳

抽壳命令是根据指定壳体的厚度将实心物体抽成内空的薄壳体，下面介绍抽壳命令的应用。

（1）单击"应用"→"特征生成"→"抽壳"，或者直接单击按钮 ，系统将会弹出"抽壳"对话框，如图 3.75（a）所示。

（2）在"抽壳"对话框中设置壳体厚度为"2"，将需要抽去的面选中，选择形体底面，此时该项显示框中显示"面<0>"，然后单击"确定"按钮完成抽壳操作，抽壳结果如图 3.75（b）所示。

（a）"抽壳"对话框　　　　　　　　　（b）抽壳结果

图 3.75　抽壳

至此完成了楼宇对讲机底座的全部造型。

3.6　连杆

本节主要介绍型腔、分模、布尔运算及缩放等命令的应用及操作。以零件连杆为中心生成包围此零件的模具型腔，进行该零件的模具设计。

连杆轮廓图如图 3.76 所示，连杆的立体图如图 3.77 所示，连杆型腔的立体图如图 3.78 所示。

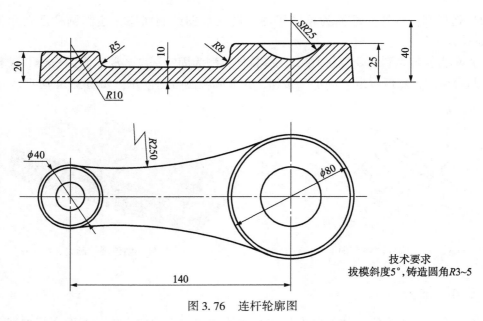

图 3.76　连杆轮廓图

图 3.77 连杆的立体图

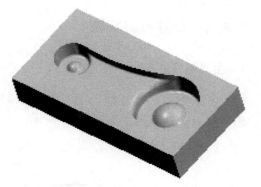

图 3.78 连杆型腔的立体图

创建连杆及型腔的基本步骤如表 3.6 所示。

表 3.6 创建连杆及型腔的基本步骤

步 骤	设计内容	设计结果图例	主要设计方法
1	生成连杆底座		拉伸增料 固定深度/拔模
2	生成大、小凸台		拉伸增料 固定深度/拔模
3	生成大、小凸台上凹槽		旋转除料
4	生成圆角		过渡
5	生成连杆型腔		型腔、分模或实体布尔运算

3.6.1　创建连杆实体

1. 生成连杆底座

（1）选择特征树中平面 *xy* 作为草图绘制平面，单击绘制草图命令按钮 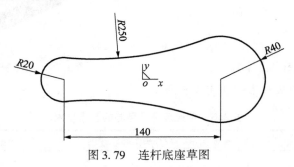，进入草图状态，绘制连杆底座草图，如图 3.79 所示。

图 3.79　连杆底座草图

（2）退出草图编辑状态，单击拉伸增料命令按钮 ，在弹出的"拉伸增料"对话框中设置各选项，然后单击"确定"按钮完成生成底座，如图 3.80 所示。

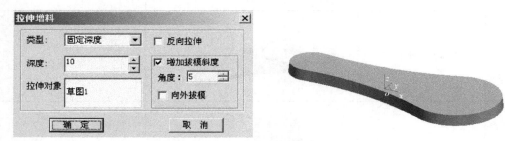

图 3.80　"拉伸增料"对话框及底座

2. 生成连杆大凸台和小凸台

（1）选取特征树中平面 *xy* 为草图绘制平面，绘制如图 3.81（a）所示的大凸台草图，单击拉伸增料命令按钮 ，设置深度为"25"，角度为"5"，如图 3.81（b）所示，单击"确定"按钮，大凸台的结果，如图 3.81（c）所示。

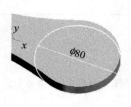　　

（a）大凸台草图　　　　　　（b）设置参数　　　　　　（c）大凸台的结果

图 3.81　大凸台操作

（2）用同样方法完成小凸台的操作，设置深度为"10"，角度为"5"，如图 3.82 所示。

图 3.82　小凸台操作

3. 生成连杆大、小凸台上的凹槽

（1）选择特征树中的平面 *xz* 为草图绘制平面，绘制如图 3.83（a）所示的草图，退出草图后画出与半圆直径完全重合的空间直线作为旋转轴。

（2）单击旋转除料命令按钮 ，弹出"旋转除料"对话框，如图 3.83（b）所示，在对话框中选择空间直线为旋转轴，单击"确定"按钮，完成大凸台凹槽的操作，如图 3.83（c）所示。

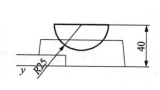

（a）大凸台凹槽草图　　　　　（b）"旋转除料"对话框　　　　（c）大凸台凹槽

图 3.83　旋转除料形成大凸台凹槽

（3）用同样的方法创建小凸台凹槽，如图 3.84 所示。

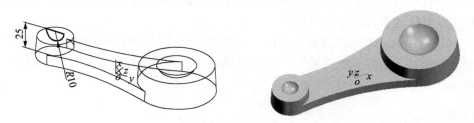

图 3.84　创建小凸台凹槽

4. 圆角过渡

单击圆角过渡命令按钮 ，设置不同的圆角半径，创建各轮廓线的圆角。

（1）两个顶面圆角过渡，$R=3$，如图 3.85 所示。

（2）两条边圆角过渡，$R=2$，如图 3.86 所示。

图 3.85　两个顶面圆角过渡　　　　　　　　图 3.86　两条边圆角过渡

（3）大凸台与底座交线部分过渡，$R=8$，如图 3.87 所示。

（4）小凸台与底座交线部分过渡，$R=5$，如图 3.88 所示。

图 3.87　大凸台与底座交线部分过渡　　　　图 3.88　小凸台与底座交线部分过渡

3.6.2　缩放

设计模具时，要考虑到收缩率的问题，缩放命令的功能是给定基准点对零件进行放大或缩小，以保证模具对收缩率的要求。下面介绍缩放命令的应用及操作方法。

（1）单击"应用"→"特征生成"→"缩放"；或者直接单击缩放命令按钮，系统弹出"缩放"对话框，如图 3.89 所示。

（2）打开基点列表，如图 3.90 所示，共有三种基点的选择方式。零件质心是指以零件的质心为基点进行缩放；拾取基准点是指根据拾取的工具点为基点进行缩放，给定数据点则是指以输入的具体数值为基点进行缩放。

（3）对话框中的收缩率是指放大或缩小的比率。在此设置收缩率为 10%，用鼠标单击实体上的坐标原点，然后单击"确定"按钮完成操作，如图 3.89 所示。此时连杆实体将会放大 10%。

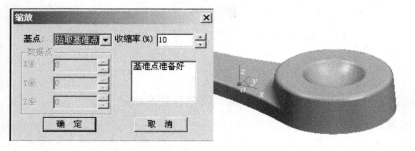

图 3.89　"缩放"对话框及缩放结果　　　　　　图 3.90　基点列表

3.6.3 型腔（分模预处理）

型腔命令的功能是以零件为型腔生成包围此零件的模具，其操作方法如下。

（1）单击"应用"→"特征生成"→"型腔"，或直接单击型腔命令按钮，系统弹出"型腔"对话框，如图3.91（a）所示。

（2）设置收缩率为10%，（注意：收缩率介于–20%~20%之间）毛坯放大尺寸根据需要填写，各项参数设置见图3.91（a）。然后单击"确定"按钮，型腔设计结果，如图3.91（b）所示。

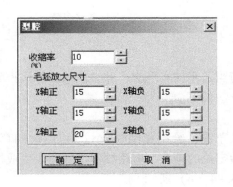

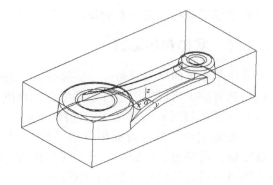

（a）"型腔"对话框   （b）型腔设计结果

图 3.91 型腔设计

3.6.4 分模

型腔生成后，应用分模命令使模具按照给定的方式分成几个部分。生成连杆模具型腔的方法如下。

（1）选择型腔端面，单击鼠标右键，在弹出的快捷菜单中选择"创建草图"，进入绘制草图状态，选择草图平面如图3.92（a）所示，绘制草图如图3.92（b）所示。

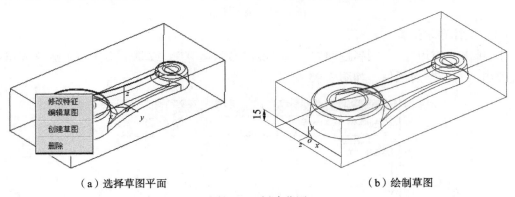

（a）选择草图平面   （b）绘制草图

图 3.92 创建草图

（2）单击"应用"→"特征生成"→"分模"，或直接单击分模命令按钮，系统弹出"分模"对话框，设置各项参数，然后单击"确定"按钮，分模操作完成，如图3.93所示。

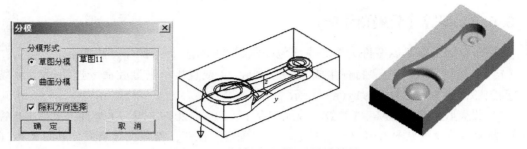

图 3.93　"分模"对话框及设计结果

至此完成了连杆模具型腔的设计。

3.6.5　实体布尔运算

实体布尔运算命令是将另一个实体并入，并与当前零件实现交、并、差的运算而得到实体。运用此方法也可以生成连杆模具型腔，具体方法如下。

（1）先将连杆另存文件名为：连杆.x_t。

（2）新建文件。选择特征树下的平面 xy 进入草图，绘制如图 3.94（a）所示的草图，退出草图后，过原点 o 绘制一条水平线，作为今后定位的轴线。应用拉伸增料命令生成模具型腔的坯料，长方体尺寸为 $240 \times 120 \times 40$，如图 3.94（b）所示。

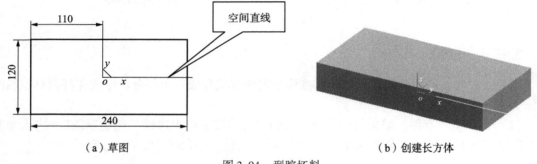

（a）草图　　　　　　　　　　　　　　　　（b）创建长方体

图 3.94　型腔坯料

（3）实体布尔运算

① 单击"应用"→"特征生成"→"实体布尔运算"，或单击实体布尔运算按钮 ；系统弹出"打开"对话框，如图 3.95 所示。

图 3.95　"打开"对话框

② 在"打开"对话框中选择"连杆．x_t"，然后单击"打开"按钮，系统弹出"输入特征"对话框，如图 3.96（a）所示。

③ 根据提示选择布尔运算方式（交、并、差）。在"输入特征"对话框中单击"当前零件"→"输入零件"按钮；给出定位点，选择坯料坐标原点 o 点；给出定位方式，在"输入特征"对话框中单击"拾取定位的 X 轴"按钮后，拾取空间直线，如图 3.96（b）所示；最后单击"确定"按钮，操作完成，如图 3.97 所示。

 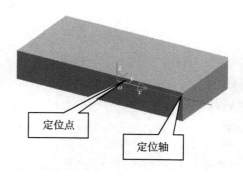

（a）"输入特征"对话框　　　　　　　　（b）确定定位点和定位轴

图 3.96　"输入特征"对话框中的参数设置

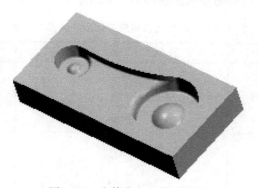

图 3.97　实体布尔运算的型腔

3.7　综合实例——电话机机座

电话机机座的结构特点主要是不规则的薄壳座体，在机座的上面以阵列方式排列着按键孔，其形体比较复杂。本节将综合运用前面所学的特征造型命令，完成电话机机座的实体造型。电话机机座立体图如图 3.98 所示。

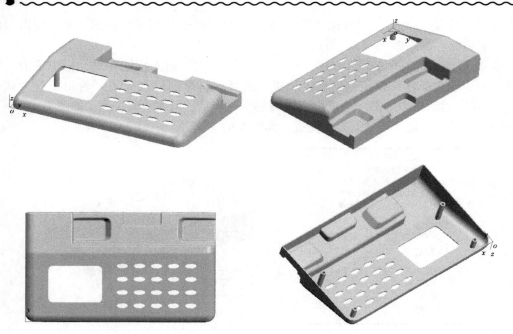

图 3.98　电话机机座立体图

创建电话机机座实体造型的基本步骤如表 3.7 所示。

表 3.7　创建电话机机座实体造型的基本步骤

步　骤	设计内容	设计结果图例	主要设计方法
1	生成电话机底座体		拉伸增料 固定深度
2	生成话筒座凹槽		放样除料
3	生成话筒座曲面		导动除料 平行导动
4	生成壳体		抽壳
5	生成圆角		过渡

续表

步 骤	设计内容	设计结果图例	主要设计方法
6	生成按键孔		拉伸除料 矩形阵列
7	生成显示屏窗口		拉伸增料 拉伸除料
8	生成安装圆柱		拉伸增料 打孔

3.7.1 创建电话机机座主体

创建电话机机座主体基本造型的步骤如下。

（1）单击平面 *yz* 进入绘制草图状态，根据图 3.99（a）所示图形绘制电话机机座的主体侧面草图。

（2）用鼠标单击"拉伸增料"按钮 ，在弹出的"拉伸增料"对话框中选择"固定深度"，输入深度值"200mm"，然后单击"确定"按钮，完成主体的基本造型，如图 3.99（b）所示。

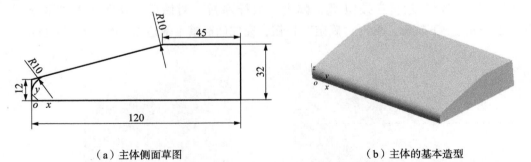

（a）主体侧面草图

（b）主体的基本造型

图 3.99 主体的基本造型

（3）倒圆角。单击"过渡"按钮 ，弹出"过渡"对话框，设置半径为"10"，分别拾取轮廓线，单击"确定"按钮完成圆角造型，机座主体如图 3.100 所示。

图 3.100   机座主体

3.7.2   创建话筒座凹槽

1. 创建话筒槽 1

（1）选择机座主体顶面作为草图绘制平面，绘制话筒槽草图 1，如图 3.101（a）所示。

（2）单击"构造基准面"按钮 ⊗，在对话框中选择"等距平面确定基准面"，设置距离为"20"，拾取机座顶面作为构造条件，单击"确定"按钮，建立一个基准面。

（3）选择新建立的基准面作为草图绘制平面，绘制话筒草图 2，如图 3.101（b）所示。

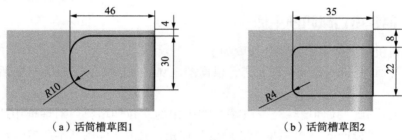

（a）话筒槽草图 1   （b）话筒槽草图 2

图 3.101   话筒槽草图

（4）单击"放样除料"按钮 ⊟，弹出"放样除料"对话框，分别选择"草图 1"和"草图 2"作为上下轮廓，单击"确定"按钮，完成话筒槽 1 的造型，如图 3.102 所示。

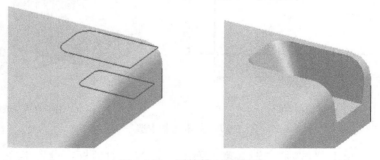

图 3.102   话筒槽 1 的造型

2. 创建听筒槽 2

（1）选择机座主体顶面作为草图绘制平面，绘制听筒槽草图 1，如图 3.103（a）所示。

（2）选择刚才新建立的基准面作为草图绘制平面，绘制听筒草图 2，如图 3.103（b）

所示。

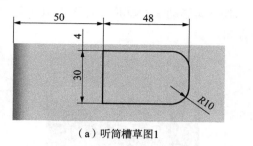

（a）听筒槽草图1 　　　　　　　　　　（b）听筒槽草图2

图 3.103 听筒槽草图

（3）单击"放样除料"按钮 ，弹出"放样除料"对话框，分别选择"听筒槽草图 1"和"听筒槽草图 2"作为上下轮廓，单击"确定"按钮，完成听筒槽 2 的造型，如图 3.104 所示。

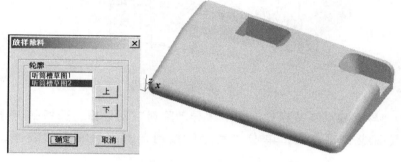

图 3.104 听筒槽 2 的造型

3. 创建长形凹槽

（1）选择机座主体顶面作为草图绘制平面，绘制长形凹槽草图，如图 3.105 所示。

（2）单击"拉伸除料"命令按钮，设置拉伸深度为"20mm"，单击"确定"按钮，至此完成各凹槽的造型，如图 3.106 所示。

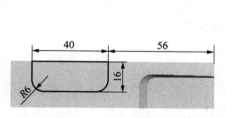

图 3.105 长形凹槽草图

图 3.106 各凹槽的造型

4. 创建话筒座曲面

（1）选择机座主体右侧面作为草图绘制平面，绘制截面草图，如图 3.107 所示。

（2）单击"工具"→"坐标系"→"创建坐标系"，在特征树下弹出立即菜单，选择"单点"方式，指定左下角为新坐标原点，在弹出的文本框内输入坐标系的名称"A"，如

图 3.108 所示。

（3）按 F9 键将坐标平面切换至 yz 平面，绘制空间导动线，其尺寸如图 3.109 所示。创建新坐标系主要用于保证空间导动线的位置和方向。

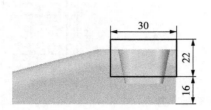

图 3.107　截面草图

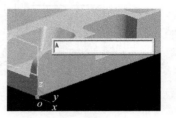

图 3.108　创建坐标系

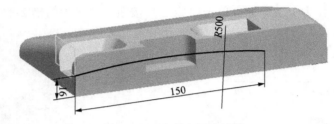

图 3.109　绘制空间导动线

（4）单击"导动除料"按钮 ，弹出"导动除料"对话框，选择平行导动方式，分别拾取轮廓截面线和轨迹线，单击"确定"按钮，完成话筒座的造型，如图 3.110 所示。

图 3.110　话筒座的造型

（5）单击"工具"→"坐标系"→"激活坐标系"，在弹出的"激活坐标系"对话框中选择".sys"原始坐标系，单击"激活"按钮，即可恢复原坐标系。

3.7.3　创建机座壳体

（1）单击"过渡"按钮 ，弹出"过渡"对话框，设置半径为"2mm"，选择过渡方式为"等半径"，结束方式选择默认方式，分别选择实体上需要倒圆角的边或面，单击"确定"按钮完成操作。

（2）单击"抽壳"按钮 ，弹出"抽壳"对话框，设置抽壳的厚度为"1.5mm"，单击"确定"按钮，完成机座壳体的造型，如图 3.111 所示。

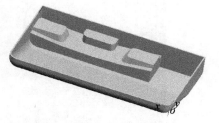

图 3.111 机座壳体的造型

3.7.4 创建按键孔

（1）选择基座上的倾斜面作为绘制草图的基准面，绘制按键孔的草图，如图 3.112（a）所示。

（2）单击"拉伸除料"按钮，拾取按键孔草图，选择"贯穿"方式，单击"确定"按钮，完成按键孔造型，如图 3.112（b）所示。

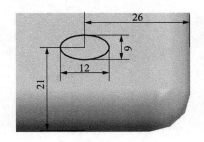

（a）按键孔的草图　　　　　　　　　　　　　　（b）按键孔

图 3.112 创建按键孔

（3）单击"线性阵列"按钮 ，弹出"线性阵列"对话框，拾取机座长边为第一阵列方向，阵列对象为按键孔，设置距离为"18mm"，数目为"5"；拾取机座短边为第二阵列方向，设置距离为"15mm"，数目为"4"，单击"确定"按钮完成操作，如图 3.113 所示。

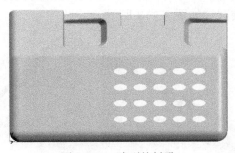

图 3.113 阵列按键孔

3.7.5 创建显示屏窗口

（1）选择基座上的倾斜面作为绘制草图的基准面，绘制显示屏窗口的轮廓草图，如图 3.114 所示。

（2）单击"拉伸增料"命令按钮，拾取显示屏窗口轮廓草图，设置固定深度为"1.5"，"角度"为"65"，单击"确定"按钮，创建显示屏窗口凸台，如图 3.115 所示。

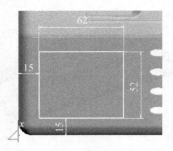

图 3.114 显示屏窗口的轮廓草图

图 3.115 显示屏窗口凸台

（3）在凸台顶面绘制窗口草图，如图 3.116 所示，单击"拉伸除料"命令按钮，选择"贯穿"方式，单击"确定"按钮，完成窗口造型，显示屏窗口如图 3.117 所示。

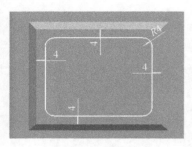

图 3.116 窗口草图

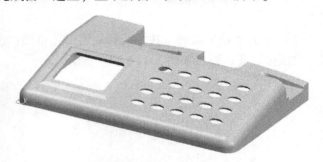

图 3.117 显示屏窗口

3.7.6 创建安装圆柱

（1）选择平面 xy 作为草图绘制平面，绘制安装圆柱草图，4 个直径为"$\phi6$"的圆，图形的位置自定。

（2）单击"拉伸增料"按钮 ，在弹出的"拉伸增料"对话框中选择"拉伸到面"，选择圆柱草图，拾取壳体内倾斜面作为终止面，然后单击"确定"按钮，完成圆柱造型。

（3）拾取圆柱顶面作为草图绘制平面，绘制安装孔草图直径为"$\phi3$"的圆，应用拉伸除料命令构造安装孔，安装圆柱如图 3.118 所示。

图 3.118 安装圆柱

至此完成了电话机机座的全部造型设计。

3.8　上机实战

（1）上轴盖零件图形如下。按图形的尺寸，应用实体造型命令生成实体造型。

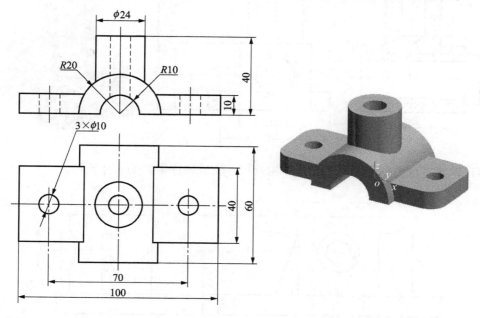

（2）斜板零件图如下。按零件的结构特征尺寸，应用实体造型命令，生成零件造型。

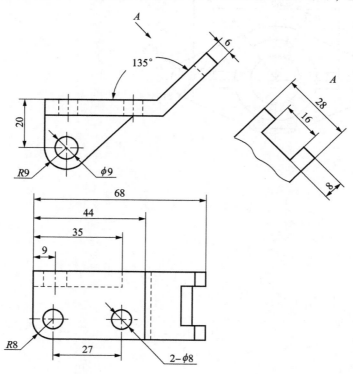

（3）虎钳螺母图如下。按零件的结构特征及尺寸，应用实体造型命令，生成零件造型。

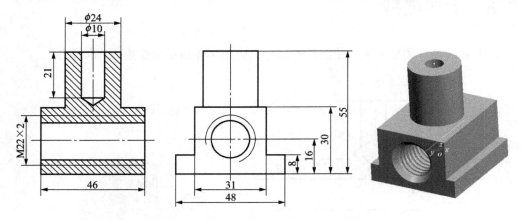

（4）轴座零件图如下图。按零件结构及尺寸完成轴座零件的实体造型。

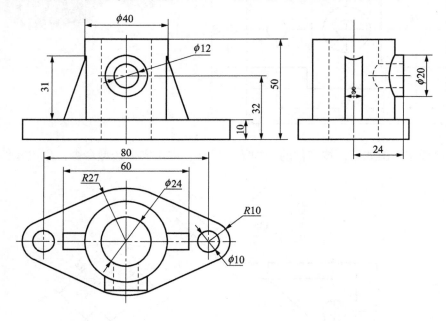

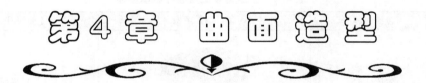

第4章 曲面造型

曲面造型是指通过丰富的复杂型面、曲面造型手段，生成复杂的三维曲面模型。它弥补了特征造型的不足，是三维造型不可缺少的辅助功能。曲面造型方式主要有直纹、扫描、等距、导动等。曲面形状的关键线框主要取决于曲面特征，所谓曲面特征线是指曲面的边界线和曲面的截面线，也称剖面线，是曲面与各种平面的交线。

4.1 化妆品盒盖

本实例是通过简单的化妆品盒盖的模型设计过程，带领读者熟悉曲面造型的方法及步骤。在曲面造型的过程中，将要学习到扫描面、导动面、旋转面等曲面造型命令，以及曲面过渡、曲面延伸和曲面裁剪等常用的曲面编辑命令的应用及操作，化妆品盒盖的立体图如图4.1所示。

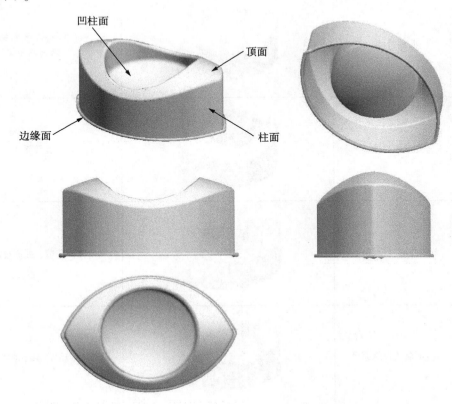

图 4.1 化妆品盒盖的立体图

创建化妆品盒盖的基本步骤如表 4.1 所示。

表 4.1　创建化妆品盒盖的基本步骤

步　　骤	设计内容	设计结果图例	主要设计方法
1	生成柱面		扫描面
2	生成顶面		导动面/平行导动
3	裁剪曲面		曲面裁剪/面裁剪/相互裁剪
4	曲面过渡		曲面过渡/两面过渡/等半径/裁剪两面
5	生成凹柱面		旋转面
6	裁剪曲面、倒圆角		曲面裁剪、曲面过渡
7	生成瓶盖边缘面		导动面/双导动线

4.1.1 扫描面

按照给定的起始位置和扫描距离将曲线沿指定方向以一定的锥度扫描生成的曲面称为扫描面。

下面首先来生成塑料盖的柱面。

（1）在 *xy* 平面内绘制如图 4.2 所示图形，按 F8 键可以使平面图处于三维状态，如图 4.3 所示。

（2）单击"线面编辑工具条"中的"曲线组合"按钮 ，将曲线链接成封闭的曲线。

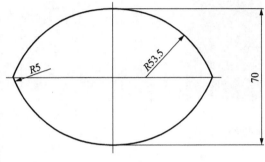

图 4.2 柱面轮廓图

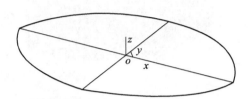

图 4.3 轮廓图的三维状态

（3）单击"曲线工具条"中的"扫描面"按钮 ，或选择下拉菜单"应用"→"曲面生成"→"扫描面"，在特征树下面弹出立即菜单，在该菜单中输入参数，如图 4.4 所示。此时系统提示"输入扫描方向"，单击空格键，在弹出的立即菜单中选择"Z 轴正方向"，如图 4.5 所示，然后拾取柱面的特征曲线（即柱面轮廓图），完成柱面的造型，如图 4.6 所示。

图 4.4 扫描面的立即菜单

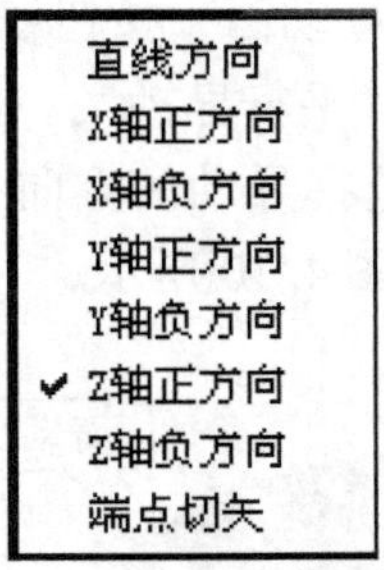

直线方向
X轴正方向
X轴负方向
Y轴正方向
Y轴负方向
✔ Z轴正方向
Z轴负方向
端点切矢

图 4.5 设定扫描方向

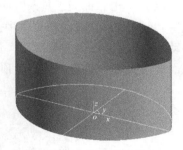

图 4.6 柱面的造型

4.1.2 导动面——平行导动

让特征截面线沿着特征轨迹线的某一方向扫动生成的曲面称为导动面。

接下来生成塑料盖的顶面。

（1）绘制导动线：按 F9 键将绘图平面切换到 *xz* 平面，过曲面左、右轮廓线画直线，线长为 35mm，过原点画直线，线长为 45mm，单击"样条"按钮 ，或选择下拉菜单"应用"→"曲线生成"→"样条"，过以上各线的顶点作曲线，如图 4.7 所示。

（2）绘制截面线：按 F9 键将绘图平面切换到 yz 平面，过曲面前、后轮廓线画直线，线长为 25mm，过原点画直线，线长为 45mm，单击"样条"按钮 $\sim$，或选择下拉菜单"应用"→"曲线生成"→"样条"，过以上各线的顶点作曲线，如图 4.8 所示。

（3）单击"几何变换工具条"中的"平移"按钮 ⬚，将截面线移动到导动线的左侧，其移动的基点选择在曲线的中点上，如图 4.9 所示。

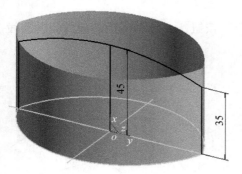 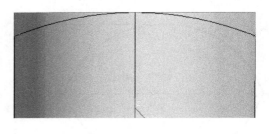

图 4.7　绘制导动线

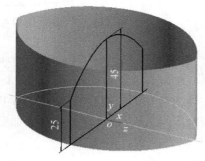 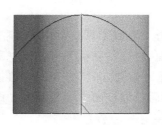

图 4.8　绘制截面线

（4）单击"曲线工具条"中的"导动面"按钮 ⬚，或选择下拉菜单"应用"→"曲面生成"→"导动面"，在立即菜单中选择"平行导动"，如图 4.9 所示，此时状态栏提示"选择导动线"，用鼠标单击导动线，然后选择导动的方向，状态栏又提示"拾取截面线"，单击截面线后生成一曲面，塑料盖顶面如图 4.10 所示。

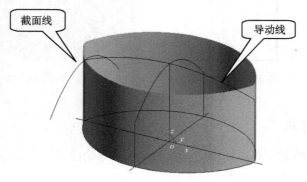 

图 4.9　导动面的操作

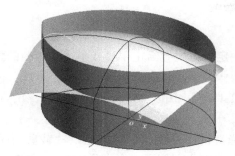

图 4.10　塑料盖顶面

4.1.3　曲面延伸

在应用中经常会遇到所做的曲面短了或窄了，无法进行下一步操作的情况。这就需要把一张曲面从某条边延伸出去。曲面延伸就是针对这种情况，把原曲面按所给长度沿相切的方向延伸出去，扩大曲面，以帮助用户进行下一步操作。下面来看将曲面延伸的具体方法。

（1）单击"线面编辑工具条"中的"曲面延伸"按钮 ，或选择下拉菜单"应用"→"线面裁剪"→"曲面延伸"。

（2）在立即菜单中输入延伸长度 5mm，用鼠标分别单击曲面的四个边界，则曲面向四外延伸，如图 4.11 所示。

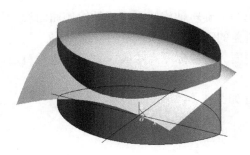

图 4.11　曲面延伸

4.1.4　曲面裁剪——面裁剪

曲面裁剪是对生成的曲面进行修剪，去掉不需要的部分。面裁剪是曲面裁剪的一种方式，它必须用剪刀曲面和被裁剪曲面求交，用求得的交线作为剪刀线来裁剪曲面。下面介绍曲面裁剪的具体方法。

（1）单击"线面编辑工具条"中的"曲面裁剪"按钮 ，或选择下拉菜单"应用"→"线面裁剪"→"曲面裁剪"。

（2）在立即菜单中选择"面裁剪"中的"相互裁剪"菜单项，用鼠标单击柱面保留部位，然后再用鼠标单击顶面保留的部位，即可将两个曲面的多余部分裁掉，如图 4.12 所示。

图 4.12　曲面裁剪

4.1.5　曲面过渡

在给定的曲面之间以一定的方式做给定半径或半径规律的圆弧过渡面，以实现曲面之间的光滑过渡。下面介绍在两张曲面间生成圆角过渡的具体方法。

（1）单击"线面编辑工具条"中的"曲面过渡"按钮，或选择下拉菜单"应用"→"线面裁剪"→"曲面过渡"。

（2）在立即菜单中选择"两面过渡"→"等半径"→"裁剪两面"，输入圆角半径为 2mm，单击"确定"按钮后则在两曲面之间倒了一个半径为 2mm 的圆角，如图 4.13 所示。

图 4.13　曲面过渡

4.1.6　旋转面

按给定的起始角度、终止角度将曲线绕一旋转轴旋转而生成的轨迹曲面称为旋转面。下面就用生成旋转面的方法生成塑料盖的凹柱面。

（1）按 F9 键将绘图平面切换到 xz 平面，过坐标原点绘制一直线，线长自定，此直线为旋转面的旋转轴。

（2）绘制旋转面的母线，母线的尺寸如图 4.14 所示。

🐝 注意

用链接命令将母线链接成一条曲线。

（3）单击"曲线工具条"中的"旋转面"按钮，或选择下拉菜单"应用"→"曲面生成"→"旋转面"。

（4）在立即菜单中输入起始角度和终止角度，默认的起始角度为 0°，终止角度为 360°，在"拾取旋转轴"的提示下，用鼠标单击旋转轴并选取方向，在"拾取母线"的提示下，用鼠标单击母线，即可生成曲面，如图 4.15 所示。

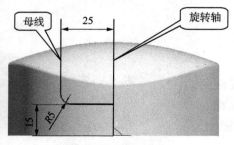

图 4.14　母线的尺寸

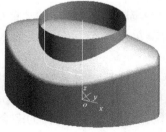

图 4.15　生成凹柱面

（5）单击"曲面裁剪"按钮 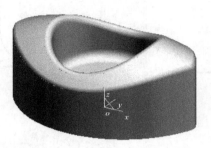，对塑料盒盖的顶面与凹柱面进行相互裁剪。

（6）单击"曲面过渡"按钮，对两个表面进行圆角过渡的操作，倒角半径为 2mm，如图 4.16 所示。

图 4.16 凹柱面与顶面的编辑

注意

选择倒角曲面时，由于曲面的位置或单击的位置不合适，会出现选取失败的提示，需要调整曲面的位置，多次选取才能成功。

4.1.7 导动面——双导动线

导动面中的双导动线方式是将一条或两条截面线沿着两条导动线匀速地扫动，生成曲面。

下面来进行最后一步：生成塑料盒盖的边缘面。

（1）单击"曲线工具条"中的"等距线"按钮，将塑料盒盖中柱面的特征曲线向外等距 2mm，如图 4.17 所示，该曲线与柱面的特征曲线为曲面操作的两条导动线。

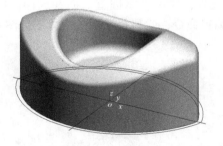

图 4.17 等距柱面特征曲线

（2）单击"圆弧"按钮，选择"起点_半径_起终角"方式绘制圆弧，绘图参数如图 4.18 所示，此圆弧即为导动面的截面线。

（3）单击"导动面"按钮，在立即菜单中选择双导动线方式，如图 4.19 所示，在状态栏的提示下，分别选择两条导动线（注意鼠标单击的位置要在截面线的同一侧，且距离相近）；在"拾取截面线"的提示下，用鼠标单击截面线（注意拾取点要靠近第一条导动线）完成边缘面的操作，最后生成边缘面，如图 4.19 所示。

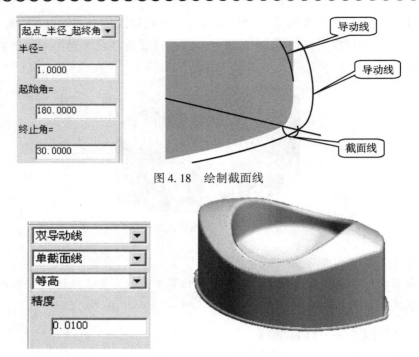

图 4.18　绘制截面线

图 4.19　生成边缘面

至此化妆品盒盖的曲面设计全部完成。

4.2　吹风机手柄

本实例通过吹风机手柄的曲面造型过程，使读者掌握直纹面和放样面的应用和操作步骤，以及投影线裁剪、镜像曲面等曲面编辑命令，吹风机手柄的立体图如图 4.20 所示。

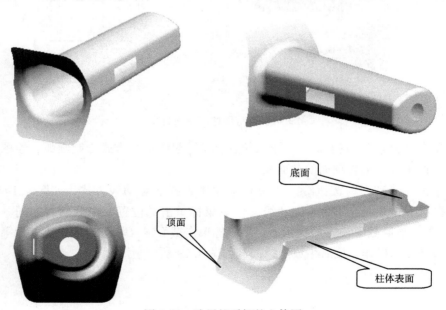

图 4.20　吹风机手柄的立体图

创建吹风机手柄的基本步骤如表4.2所示。

表4.2 创建吹风机手柄的基本步骤

步 骤	设计内容	设计结果图例	主要设计方法
1	生成吹风机手柄顶部曲面		直纹面/曲线 + 曲线
2	裁剪顶部曲面		曲面裁剪/投影线裁剪
3	生成柱体表面		放样面
4	曲面裁剪 曲面过渡		曲面裁剪/面裁剪 曲面过渡/两面过渡
5	生成柱体底面 曲面过渡		扫描面 曲面过渡/两面过渡
6	裁剪底面圆孔		投影线裁剪
7	裁剪侧面方槽		投影线裁剪

续表

步　骤	设计内容	设计结果图例	主要设计方法
8	生成对称部分	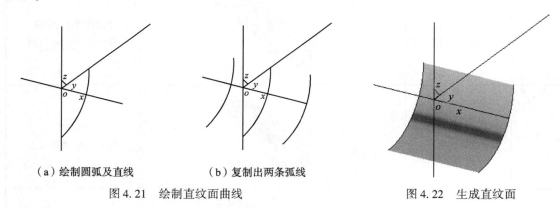	镜像/拷贝

4.2.1　直纹面

直纹面是由一根直线的两端点分别在两条曲线上匀速运动而形成的轨迹曲面。

下面首先来生成吹风机手柄的顶部曲面。

（1）按 F8 键将坐标系置于三维立体状态，按 F9 键将绘图平面切换到 zy 平面，以原点为圆心绘制半径为 30mm 的圆弧，并过原点和 y 轴画一直线，线长 140mm，如图 4.21（a）所示。

（2）单击"平移"按钮 ⊞，选择"偏移量"选项，以 zy 平面为对称面，沿 x 轴方向，在其左右各复制一个圆弧，两圆弧的距离为 60mm，如图 4.21（b）所示，这两个圆弧就是生成直纹面的特征曲线。

（3）单击"直纹面"按钮 ▱，分别单击两条圆弧，完成直纹面的操作，如图 4.22 所示。

（a）绘制圆弧及直线　　　　（b）复制出两条弧线

图 4.21　绘制直纹面曲线　　　　　　　图 4.22　生成直纹面

注意

鼠标单击的位置要在曲线相同位置，否则曲面将会产生扭曲现象。

4.2.2　曲面裁剪——投影线裁剪

投影线裁剪是将空间曲线沿给定的固定方向投影到曲面上，形成剪刀线来裁剪曲面。

下面就来裁剪吹风机手柄顶部曲面的轮廓。

（1）按 F9 键将绘图平面切换到 xz 平面，绘制剪刀线，其位置如图 4.23（a）所示，剪刀曲线的尺寸如图 4.23（b）所示，单击"曲线组合"按钮 ↵，将曲线链接成一条连续的曲线。

（2）单击"线面编辑工具条"中的"曲面裁剪"按钮 ▨，在立即菜单中选择"投影线裁剪"方式，然后再用鼠标单击顶面保留的部位，完成曲面裁剪的操作，投影线裁剪的结果如图 4.24 所示。

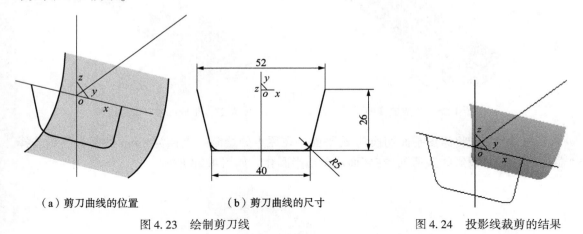

（a）剪刀曲线的位置　　　（b）剪刀曲线的尺寸

图 4.23　绘制剪刀线　　　　　图 4.24　投影线裁剪的结果

4.2.3　放样面

以一组互不相交、方向相同、形状相似的特征线（或截面线）为骨架进行形状控制，过这些曲线生成的曲面称为放样曲面。

接下来生成吹风机手柄的柱体表面。

（1）在原点和柱体底面的中心，分别绘制放样面的特征曲线（截面线），其位置如图 4.25（a）所示，柱体底面曲线的尺寸如图 4.25（b）所示，单击"曲线组合"按钮 ，将曲线链接成一条连续的曲线，单击"等距"按钮 ，将该曲线向外等距 4mm，即可得到原点处曲线。

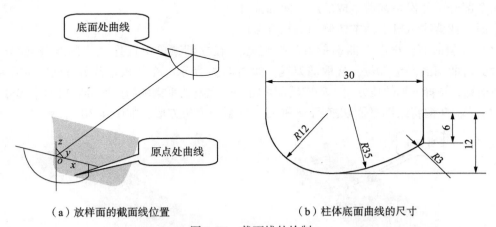

（a）放样面的截面线位置　　　　　（b）柱体底面曲线的尺寸

图 4.25　截面线的绘制

（2）单击"放样面"按钮 ，分别单击截面线，完成主体的曲面造型，如图 4.26 所示，注意单击曲线的位置要一致，避免出现扭曲现象。

（3）单击"扫描面"按钮 ，生成底面，然后应用曲面过渡命令，对各曲面相交处进行圆角过渡，完成柱体造型，如图 4.27 所示。

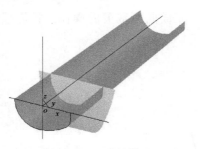

图 4.26　生成放样面

图 4.27　生成底面、圆角过渡

（4）按 F9 键将绘图平面切换到 xz 平面，在原点处绘制一直径为 8mm 的圆，然后选择"曲面裁剪"→"投影线裁剪"，在底面裁剪出半圆孔，如图 4.28 所示。

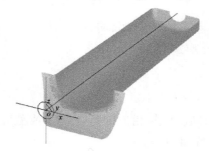

图 4.28　裁剪半圆孔

4.2.4　投影线裁剪——分裂

应用投影线裁剪吹风机柱体侧面的长方形槽时，会出现两侧都裁剪的情况，此时用户可以通过切换立即菜单选择投影线裁剪中的分裂方式。在分裂的方式中，系统用剪刀线将曲面分成两个部分，并保留裁剪生成的所有曲面部分。

下面来裁剪吹风机手柄主体侧面的长方形槽。

（1）分裂曲面：单击"曲面裁剪"按钮 ，在立即菜单中选择"投影线裁剪/分裂"，单击被裁剪曲面的保留部位，选取剪刀线，如图 4.29 所示，在"指定裁剪方向"的提示下，单击空格键，选择 z 轴的负方向，确定后即可将一个完整的手柄柱面曲面分解成两个部分。

（2）按 F9 键将绘图平面切换到 yz 平面，绘制一个长方形，如图 4.30 所示。

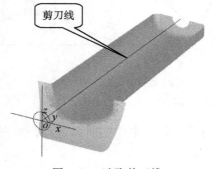

剪刀线

图 4.29　选取剪刀线

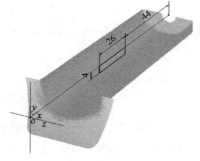

图 4.30　绘制一个长方形

（3）单击"曲面裁剪"按钮 ，应用投影线裁剪的方式，裁剪出长方形槽，长方形的位置及尺寸如图 4.30 所示，至此完成了吹风机手柄一半的曲面造型，如图 4.31 所示。

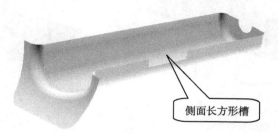

侧面长方形槽

图 4.31　吹风机手柄一半的曲面造型

4.2.5　镜像

镜像是对拾取到的曲线或曲面以某一平面为对称面，进行空间上的对称镜像或对称复制。

下面用镜像命令创建吹风机手柄另半面造型的各曲面。

（1）单击"应用"→"几何变换"→"镜像"，或者直接单击 🔔 按钮，在立即菜单中选取"复制"。

（2）在系统提示下，分别在镜像平面上拾取三个点，然后拾取各曲面，确定后完成全部造型，如图 4.32 所示。

图 4.32　吹风机手柄造型

4.2.6　曲面拼接和曲面缝合

在曲面造型中，有时曲面的连接处产生一些小的缝隙和空洞，使得表面连接不光滑，而通过曲面拼接和曲面缝合命令，可以对这些缺陷进行处理，保证曲面连接的质量。

（1）曲面拼接 ✦

曲面拼接面是曲面光滑连接的一种方式，它可以通过多个曲面的对应边界，生成一张曲面与这些曲面光滑相接。

曲面拼接共有三种方式：两面拼接（如图 4.33 所示）、三面拼接和四面拼接。

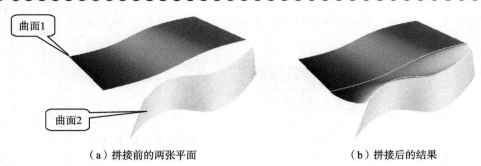

曲面1

曲面2

（a）拼接前的两张平面　　　　　　　　　　（b）拼接后的结果

图 4.33　曲面拼接

（2）曲面缝合

曲面缝合是指将两张曲面光滑连接为一张曲面，如图 4.34 所示。

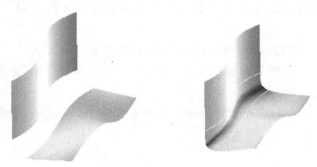

图 4.34　曲面缝合

4.3　五角星圆盘

前面通过塑料盒盖和吹风机手柄的造型设计实践，初步了解了曲面造型的基本方法，但是许多零件的设计是需要曲面和实体相互结合、一体化操作来实现的。本实例通过五角星圆盘的造型设计，不仅使读者学会边界面、平面等曲面造型方法，还将学会曲面和实体混合造型的方法。

五角星圆盘的立体图及尺寸如图 4.35 所示。

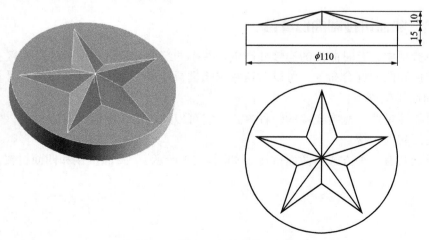

图 4.35　五角星圆盘的立体图及尺寸

创建五角星圆盘的基本步骤如表 4.3 所示。

表 4.3 创建五角星圆盘的基本步骤

步 骤	设计内容	设计结果图例	主要设计方法
1	绘制平面轮廓		应用曲线绘制命令画出五角星的平面轮廓图
2	绘制五角星空间框架		按 F9 键切换坐标平面直线/两点线
3	生成两个平面		曲面生成/边界面/三边面
4	阵列五个角		将坐标切换到 xy 平面阵列/圆形/均布
5	生成平面		曲面生成/平面/裁剪平面
6	生成圆柱实体		特征生成/增料/拉伸/双向拉伸
7	应用曲面裁剪命令将五角星以上的部分除掉		特征生成/除料/曲面裁剪除料
8	删除曲面完成造型		删除

4.3.1 边界面

边界面是在由已知曲线围成的边界区域上生成的曲面，边界面有两种类型：四边面和三边面。所谓四边面是指通过四条空间曲线生成的曲面；三边面是指通过三条空间曲线生成的曲面。

1. 生成五角星轮廓

（1）以坐标原点为圆心绘制一个半径为 50mm 的圆，并过其圆心绘制一正五边形，如图 4.36（a）所示；用直线分别连接五边形各点，如图 4.36（b）所示；应用曲线裁剪命令和删除命令，将图形编辑成图 4.36（c）所示的平面五角星，这样就得到了五角星的轮廓。

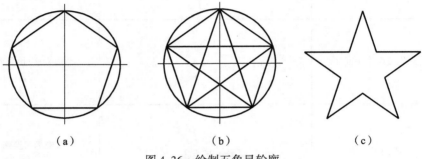

（a）   （b）   （c）

图 4.36　绘制五角星轮廓

（2）按 F9 键，将坐标切换到 yz 平面，过原点绘制一条长为 10 mm 的直线，如图 4.37（a）所示，过直线定点分别向五角星的一个角的交点连线，如图 4.37（b）所示。

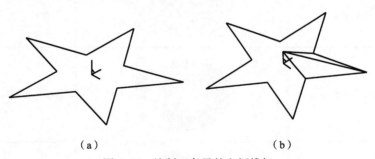

（a）   （b）

图 4.37　绘制五角星的空间线架

2. 通过边界面生成五角星曲面

（1）单击"曲面工具条"中的"边界面"按钮 ，或者单击"应用"→"曲面生成"→"边界面"，在立即菜单中选择"三边面"。

（2）在"拾取曲线"的提示下分别选择五角星空间线架上的三条曲线，完成该角的一侧曲面，如图 4.38 所示，用同样的方法完成另一侧曲面。

注意

拾取的三条曲线必须首尾相连成封闭环，才能制作出三边面；并且拾取的曲线应当是光滑曲线。

（3）按 F9 键，将坐标切换到 *xy* 平面，然后单击"几何变换"工具条中的"阵列"按钮 ⚙，在立即菜单中选择"圆形"阵列方式，分布形式为"均布"，阵列数目为"5"，在"拾取元素"的提示下，分别选择两个边界面，单击鼠标右键确认，根据提示选择原点为阵列中心，系统会自动生成各角的曲面，如图 4.39 所示。

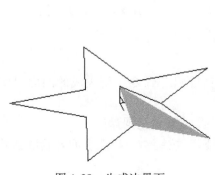

图 4.38 生成边界面

图 4.39 阵列成五个角

🐝 **注意**

使用阵列时，要注意阵列平面的选择，否则会发生阵列错误。

4.3.2 平面

平面的功能是利用各种方式生成所需要的平面，平面与基准面相比，基准面是在绘制草图时的参考面，而平面则是一个实际存在的面。

下面来生成五角星的生成平面。

（1）过原点绘制一直径为 *R*55 的圆，如图 4.40 所示。

（2）单击"曲面工具条"中的"平面"按钮 ⬠，或者单击"应用"→"曲面生成"→"平面"，在立即菜单中选择"裁剪平面"。

（3）在"拾取平面外轮廓线"的提示下，拾取平面的外轮廓线（圆），然后确定链搜索方向，如图 4.41 所示。随后系统将会提示"拾取第一条内轮廓线"，此时应选择五角星底边的一条线，单击鼠标右键确定，如图 4.42 所示。完成的平面如图 4.43 所示。

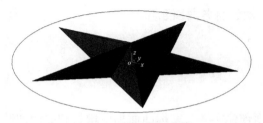

图 4.40 绘制平面轮廓

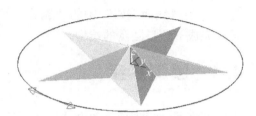

图 4.41 选择外轮廓线

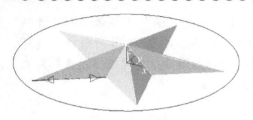
图 4.42 选择内轮廓线

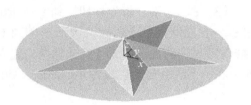
图 4.43 完成的平面

4.3.3 曲面裁剪除料

对具有复杂曲面的零件，可以应用"曲面裁剪除料"命令，用生成的曲面对实体进行修剪，以去掉不需要的部分。

下面应用曲面裁剪除料命令来完成最后一步，生成五角星圆盘。

（1）选择 xy 面作为草图平面，单击"曲线投影"按钮 🐾，拾取平面外轮廓圆并将其投影到 xy 平面使之成为草图。

（2）单击"特征工具条"中的"拉伸增料"按钮 🔲，或者单击"应用"→"特征生成"→"增料"→"拉伸"，将草图进行双向拉伸，拉伸深度为 30mm，如图 4.44 所示。

（3）单击"特征工具条"中的"曲面裁剪除料"按钮 🖾，或者单击"应用"→"特征生成"→"除料"→"曲面裁剪除料"，在"拾取元素"的提示下分别拾取五角星的各曲面，其中除料方向向上，单击"确定"按钮后即将曲面以上的材料切除，如图 4.45 所示。

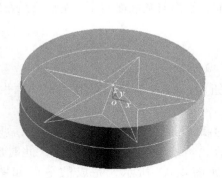
图 4.44 拉伸圆柱

图 4.45 曲面裁剪除料

（4）单击"线面编辑"中的"删除"按钮 🖉，将各曲面删除。

至此完成五角星圆盘的造型。

4.4 喷嘴扳手

本实例将通过喷嘴扳手的设计学会应用曲面创建实体，掌握曲面加厚增料和曲面加厚减料，即掌握曲面裁剪除料等曲面与实体的综合应用及操作。

喷嘴扳手的立体图如图 4.46 所示。

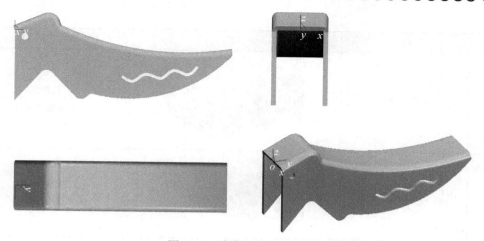

图 4.46 喷嘴扳手的立体图

创建喷嘴扳手的基本步骤如表 4.4 所示。

表 4.4 创建喷嘴扳手的基本步骤

步 骤	设计内容	设计结果图例	主要设计方法
1	创建基本曲面		曲线工具 曲线组合 导动面/平行导动
2	创建裁剪曲面		扫描面
3	裁剪曲面		曲面裁剪/面裁剪
4	加厚曲面		曲面加厚增料
5	创建波纹曲面		样条曲线 扫描面

续表

步　　骤	设计内容	设计结果图例	主要设计方法
6	创建波纹槽		扫描面 曲面加厚除料
7	创建销钉孔		拉伸除料 双向拉伸

4.4.1　曲面加厚增料

曲面加厚增料命令可以对指定的曲面按照给定的厚度和方向进行生成实体。在使用此命令前应先创建曲面。

1. 应用导动面命令创建主体曲面

（1）按 F9 键，将坐标平面切换到 xz 平面，在非草图状态下应用直线、圆角过渡和样条曲线等绘图命令，绘制导动面的截面线，如图 4.47 所示。

（2）单击"线面编辑"工具栏中"曲线组合"按钮 ⤴，拾取截面曲线将各线段组合成一条曲线。

（3）按 F9 键，将坐标平面切换到 yz 平面，在非草图状态下绘制导动面的导动线，图形尺寸自行设计，注意各条线之间要用圆弧过渡，如图 4.48 所示。

（4）单击"线面编辑"工具栏中"曲线组合"按钮 ⤴，选择导动曲线将各线段组合成一条曲线。

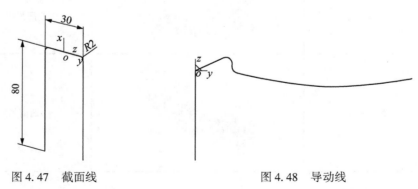

图 4.47　截面线　　　　　　　　　　　图 4.48　导动线

（5）单击下拉菜单"应用"→"曲面生成"→"导动面"，或直接单击"曲面工具"工具栏中的"导动面"按钮 ⤵，选择"平行导动"方式，然后分别拾取导动线和截面线，即可创建喷壶扳手主体曲面，如图 4.49 所示。

2. 应用扫描面命令创建裁剪曲面

（1）按 F9 键，将坐标面切换到 xy 平面。使用直线、圆弧过渡及三点圆弧等曲线工具，绘制扫描面的空间曲线，图形尺寸自行设计，如图 4.50 所示。

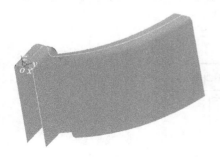

图 4.49　创建导动面

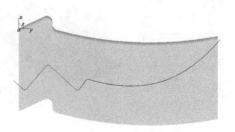

图 4.50　扫描面空间曲线

（2）单击"线面编辑"工具栏中"曲线组合"按钮 ，选择扫描线中的各线段将其组合成一条曲线。

（3）选择"几何变换"工具栏中"平移"按钮 ，在立即菜单中选择"偏移量"→"移动"，设置"DX＝20"，此时系统提示"拾取元素"，选择扫描线将其移动至曲面外侧，如图 4.51 所示。

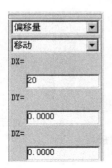

图 4.51　移动扫描线

（4）选择"曲面工具"对话框中的"扫描面"按钮 ，在立即菜单中设置扫描距离"50mm"，按空格键，在弹出的方向菜单中选择"X 轴负方向"，拾取扫描线创建一张与主体曲面相交的曲面，如图 4.52 所示。

图 4.52　生成扫描面

（5）单击"线面编辑"工具栏中的"曲面裁剪"按钮 ⊛，选择"面裁剪"方式，拾取被裁剪曲面——主体曲面，然后拾取裁剪曲面——扫描面，裁剪出扳手的轮廓，如图 4.53 所示。然后将裁剪面删除或隐藏。

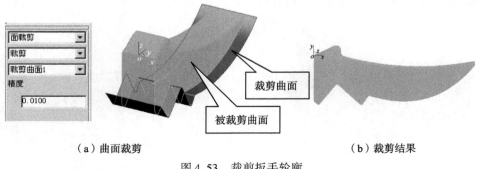

（a）曲面裁剪　　　　　　　　　　　　　（b）裁剪结果

图 4.53　裁剪扳手轮廓

3. 应用曲面加厚增料命令创建喷壶扳手实体

单击下拉菜单"应用"→"特征生成"→"增料"→"曲面加厚"；或者直接单击 ⏣ 按钮，弹出"曲面加厚"对话框，如图 4.54（a）所示，曲面加厚结果如图 4.54 所示。

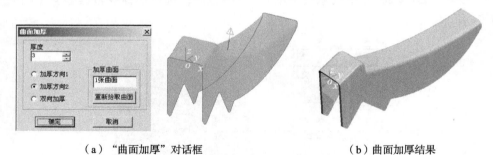

（a）"曲面加厚"对话框　　　　　　　　（b）曲面加厚结果

图 4.54　曲面加厚增料

4.4.2　曲面加厚除料

曲面加厚除料命令可以对指定的曲面按照给定的厚度和方向进行移出的特征修改，下面应用曲面加厚除料命令创建喷嘴扳手上的波浪形通槽。

1. 创建曲面

（1）按 F9 键，将坐标系切换到 yz 平面，用样条曲线命令绘制空间曲线，图形尺寸自行设定，如图 4.55 所示。

（2）单击"曲面工具"工具栏中的"扫描面"命令，拾取刚绘制的空间曲线，扫描生成一空间曲面，该曲面要超出扳手实体轮廓，如图 4.56 所示。

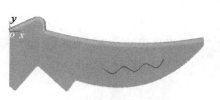

图 4.55 绘制空间曲线

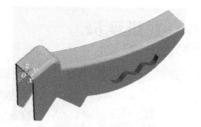

图 4.56 创建扫描面

2. 应用曲面加厚除料命令生成波浪形通槽

（1）单击下拉菜单"应用"→"特征生成"→"除料"→"曲面加厚"；或者直接单击 按钮，弹出"曲面加厚"对话框，如图 4.57（a）所示。

（2）在"曲面加厚"对话框中设置厚度"2mm"，选择加厚方向，拾取刚刚创建的曲面，单击"确定"按钮完成波浪形通槽，操作结果如图 4.57（b）所示。

（a）"曲面加厚"对话框

（b）结果

图 4.57 曲面加厚除料

3. 创建销钉孔

（1）选择特征树中的平面 yz，单击"绘制草图"命令进入草图状态，绘制如图 4.58（a）所示的草图。

（2）退出草图状态，选择"拉伸除料"命令，在弹出的"拉伸除料"对话框中，选择双向拉伸，设置固定深度为"40mm"，单击"确定"按钮完成销钉孔的造型，如图 4.58（b）所示。

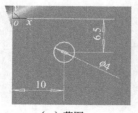

（a）草图

（b）结果

图 4.58 创建销钉孔

至此完成喷嘴扳手的全部造型。

4.5 上机实战

（1）橡胶按键立体图如下，按其结构及比例，自己设计尺寸，完成橡胶按键的曲面造型。

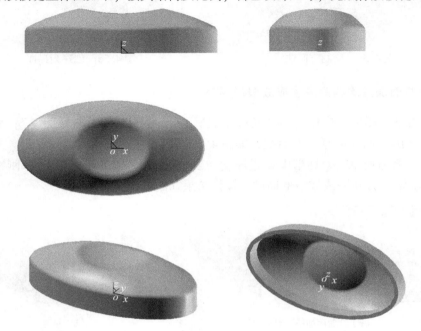

（2）瓶子立体图如下，按其结构及比例，自己设计尺寸，完成瓶子的曲面造型。

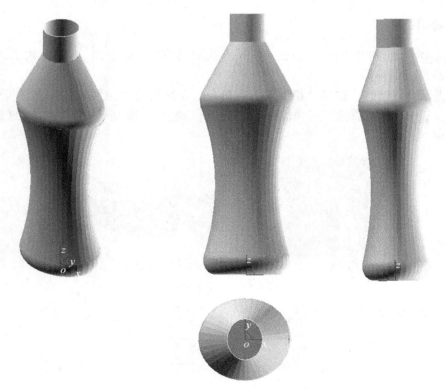

（3）鼠标零件图如下，按其结构及尺寸，完成鼠标的曲面造型。

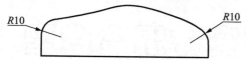

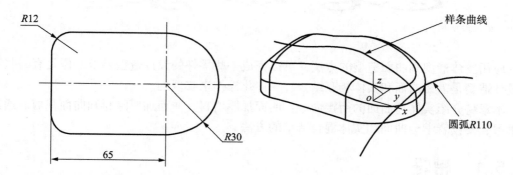

样条点的坐标为：（ -70，0，20）、（ -40，0，25）、（ -20，0，30）、(30，0，15）。

第5章 曲面实体混合造型

应用实体造型和曲面造型的方法，可以完成一些零件的设计造型要求。但是有一些零件的设计造型是需要曲面和实体相互结合、一体化操作来实现的。

本章将介绍实体与曲面的衔接命令：曲面加厚增料、曲面加厚除料和曲面裁剪。通过本章学习，使读者学会曲面和实体混合造型的方法。

5.1 槽轮

5.1.1 槽轮造型概述

槽轮属于轮盘类零件，应用曲面造型和实体特征造型混合的方法进行造型设计。造型中应用到旋转增料、旋转曲面、拉伸增料、拉伸到面、过渡等造型方法。

1. 槽轮零件图

槽轮零件图如图5.1所示。

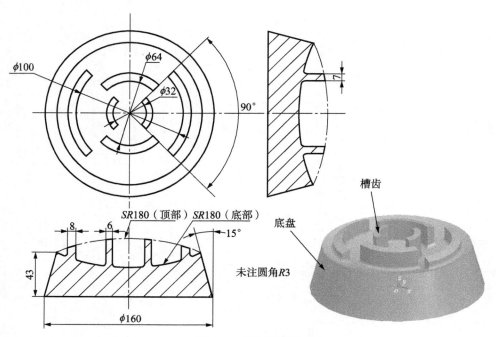

图 5.1　槽轮零件图

2. 创建槽轮造型的基本步骤

创建槽轮造型的基本步骤如表 5.1 所示。

表 5.1　创建槽轮造型的基本步骤

步　骤	设计内容	设计结果图例	主要设计方法
1	生成底盘	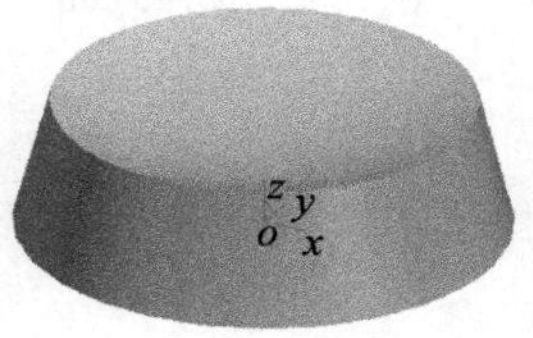	旋转增料
2	生成顶面	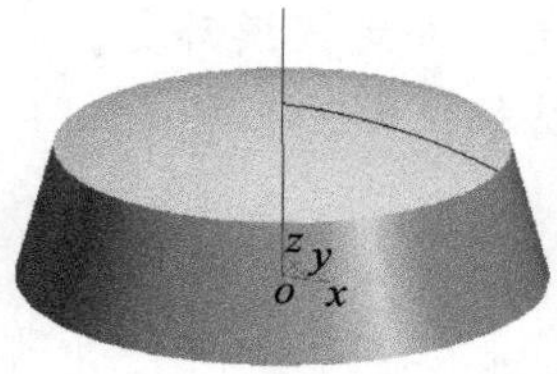	旋转曲面
3	绘制槽齿草图	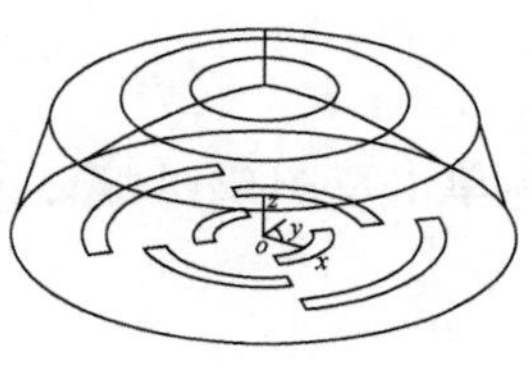	曲线绘制
4	生成槽齿	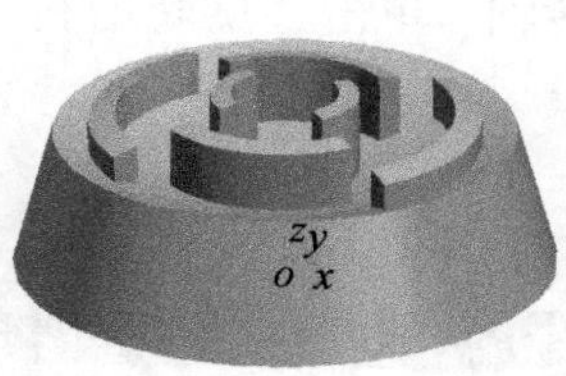	拉伸增料/拉伸到面
5	槽齿底部圆角	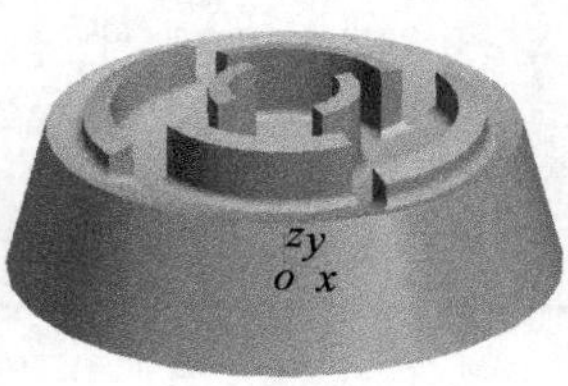	过渡

5.1.2　拉伸到面

拉伸到面是指拉伸位置以曲面为结束点进行拉伸，需要选择要拉伸的草图和拉伸到的曲面，如图 5.2 所示。

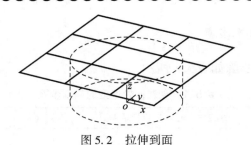

图 5.2　拉伸到面

注意

● 在进行"拉伸到面"时，要使草图能够完全投影到这个面上，如果面的范围比草图小，会产生操作失败。

● 在进行"拉伸到面"时，深度和反向拉伸不可用。

● 在进行"拉伸到面"时，可以给定拔模斜度。

● 草图中隐藏的线不能参与特征拉伸。

5.1.3　构建槽轮底盘

用旋转增料的方法生成槽轮底盘。

1. 作草图

单击特征树上的平面 xz，鼠标单击草图按钮 ![按钮]，画出半个槽轮草图，如图 5.3 所示。

2. 生成实体

在槽轮中间画直线，作为旋转轴。单击"旋转增料"按钮 ![按钮]，旋转生成槽轮底盘，如图 5.4 所示。

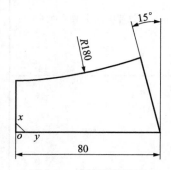

图 5.3　槽轮底盘草图

图 5.4　旋转增料生成槽轮底盘

5.1.4　构建槽齿

1. 生成顶面

画出轴线和半径为 180mm 的圆弧，单击"旋转曲面"按钮 ![按钮]，旋转生成槽轮顶面，如图 5.5 所示。

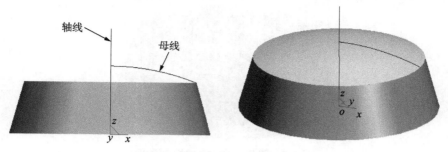

图 5.5　旋转曲面生成槽轮顶面

2. 构建槽齿

（1）单击特征树上的平面 xy，再单击草图按钮 ，按尺寸画出轮齿草图，如图 5.6 所示。

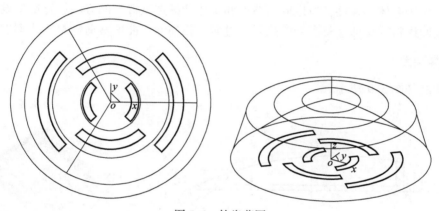

图 5.6　轮齿草图

（2）单击"拉伸增料"按钮 ，选择拉伸到面，生成轮齿，隐藏上曲面，如图 5.7 所示。

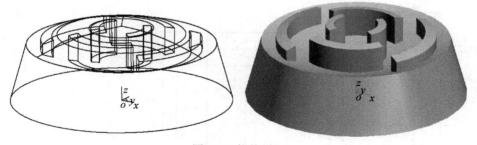

图 5.7　拉伸到面

（3）单击"过渡"按钮 ，选择要过渡圆角的边，过渡半径为 3mm，完成槽轮造型，如图 5.8 所示。

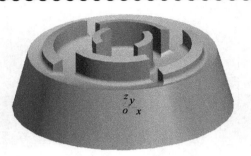

图 5.8　圆角过渡，完成槽轮造型

5.2　文具架

5.2.1　文具架造型概述

文具架属于壳体类零件，应用曲面造型和实体特征造型混合的方法进行造型设计。造型中应用到拉伸增料、拉伸除料、旋转除料、过渡、扫描面、曲面裁剪除料等造型方法。

1. 文具架图

文具架图如图 5.9 所示。

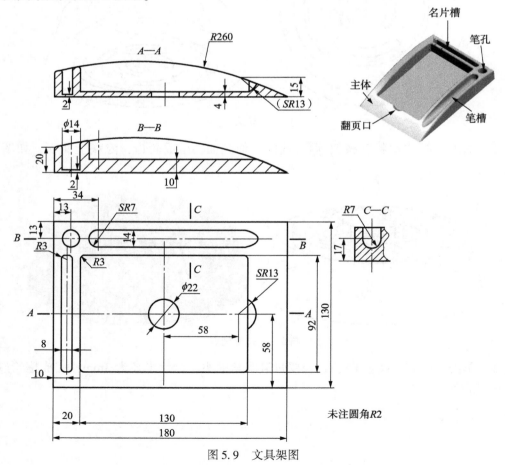

图 5.9　文具架图

2. 文具架造型的基本步骤

创建文具架造型的基本步骤如表5.2所示。

表5.2　创建文具架造型的基本步骤

步　　骤	设计内容	设计结果图例	主要设计方法
1	生成主体		拉伸增料
2	生成便条盒		拉伸除料
3	生成名片槽 笔孔	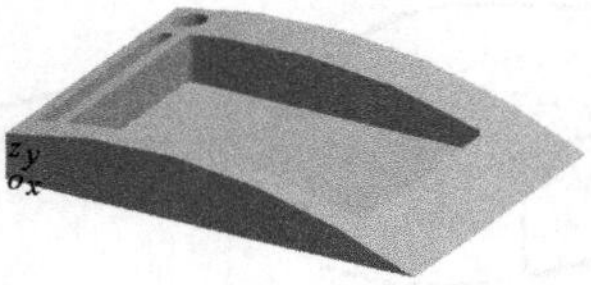	拉伸除料
4	生成翻页口	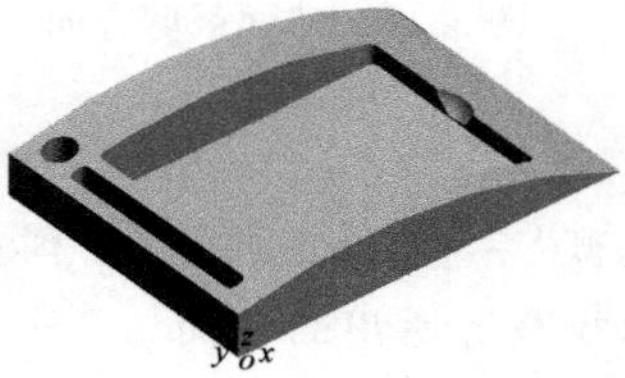	旋转除料
5	生成笔槽		扫描面 曲面裁剪除料 旋转除料
6	棱角倒圆		过渡

5.2.2　曲面裁剪

用生成的曲面对实体进行修剪，去掉不需要的部分。

（1）单击"应用"→"特征生成"→"除料"→"曲面裁剪"；或者直接单击 ⬛ 按钮，弹出"曲面裁剪除料"对话框，如图5.10所示。

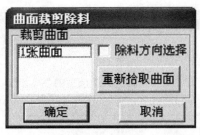

图 5.10　"曲面裁剪除料"对话框

（2）拾取曲面，确定是否进行除料方向选择，单击"确定"按钮完成操作。

裁剪曲面是指对实体进行裁剪的曲面，参与裁剪的曲面可以是多张边界相连的曲面。

除料方向选择是指除去哪一部分实体的选择，分别按照不同方向生成实体，如图 5.11 所示。

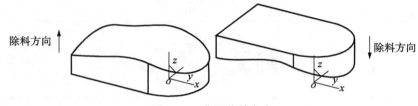

图 5.11　曲面裁剪方向

注意

在特征树中，右键单击"裁剪"→"修改特征"，弹出的对话框中增加了"重新拾取曲面"的按钮，此按钮可以重新选择裁剪所用的曲面。

5.2.3　构造架体

用拉伸增料方法生成文具架主体。

1. 作草图

单击特征树上的平面 xz，单击草图按钮 ，画出文具架主体草图，如图 5.12 所示。

图 5.12　文具架主体草图

2. 生成实体

单击"拉伸增料"按钮 ，拉伸深度为"130"，生成文具架主体，如图 5.13 所示。

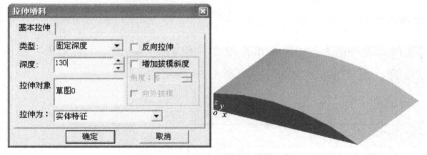

图 5.13　生成文具架主体

5.2.4　构造便条盒、名片槽、笔孔和翻页口

便条盒、名片槽、笔孔和翻页口的构建，用拉伸除料和旋转除料的方法实现。

1. 便条盒

（1）构造等距基准面。单击"构造基准面"按钮 ◈，选择平行等距面的构造方法，构造条件选择基准平面 xy，平面等距距离为"40"，如图 5.14 所示。

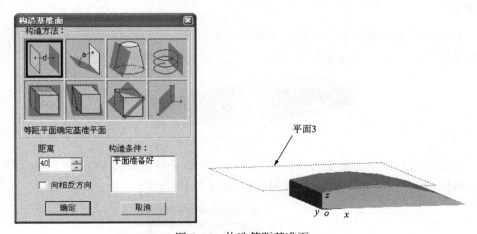

图 5.14　构造等距基准面

（2）构造便条盒。单击特征树上的平面 3，然后再单击草图按钮 ✎，画出便条盒草图。单击"拉伸除料"按钮 ▣，拉伸深度为"36"，如图 5.15 所示。

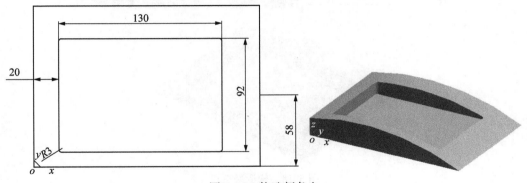

图 5.15　构造便条盒

2. 名片槽和笔孔

单击特征树上的平面 3，然后再单击草图按钮 ，画出名片槽和笔孔草图。单击"拉伸除料"按钮 ，固定深度为"38"，如图 5.16 所示。

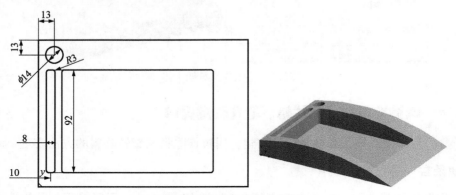

图 5.16   构造名片槽和笔孔

3. 翻页口

（1）构造等距基准面。单击"构造基准面"按钮 ，选择平行等距面的构造方法，构造条件选择基准平面 *xy*，平面等距距离为"15"，如图 5.17 所示。

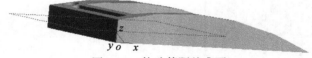

图 5.17   构造等距基准面

（2）构造翻页口。单击特征树上的平面 4，单击草图按钮 ，画出翻页口草图。退出草图，画出轴线。单击"旋转除料"按钮 ，如图 5.18 所示。

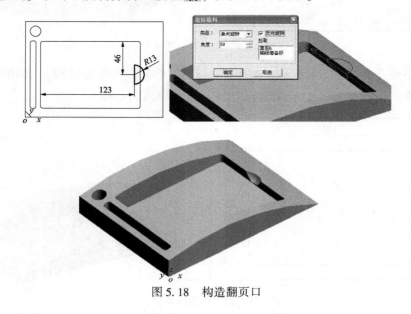

图 5.18   构造翻页口

5.2.5　构造笔槽

构造笔槽要应用扫描面、曲面裁剪除料的命令。

1. 构造笔槽曲面

（1）槽底面。

① 作出槽底面曲线，向 x 轴正向偏移 34，作曲线组合，如图 5.19（a）、（b）所示。

② 单击"扫描面"按钮 ，扫描距离为 140，扫描方向为 x 轴正方向，如图 5.19（c）所示。

③ 在曲线上方加一水平线，使之成为封闭的轮廓。单击"平面"按钮 ，选择裁剪平面，形成平面，如图 5.19（d）所示。

④ 单击"曲面裁剪除料"按钮 ，选择两个曲面，除料方向向上。槽底面造型完成，如图 5.19（e）所示。

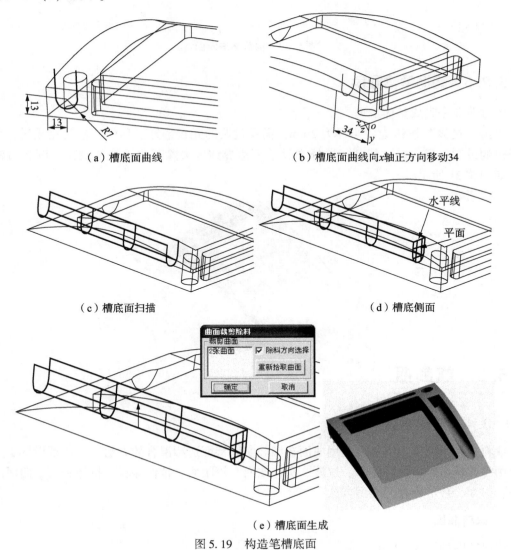

（a）槽底面曲线　　　　　　　　　　（b）槽底面曲线向 x 轴正方向移动34

（c）槽底面扫描　　　　　　　　　　（d）槽底侧面

（e）槽底面生成

图 5.19　构造笔槽底面

（2）槽侧面。选择笔槽侧面作为草图平面，单击草图按钮 ![pencil]，用草图中曲线投影的方法画出草图，如图 5.20（a）所示。

单击"旋转除料"按钮 ![icon]，类型为"单向旋转"，角度为"180"，如图 5.20（b）所示。笔槽构造完成，如图 5.20（c）所示。

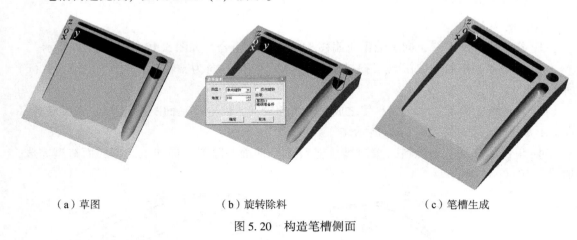

    （a）草图   （b）旋转除料   （c）笔槽生成

图 5.20   构造笔槽侧面

5.2.6   构造笔槽圆角

用过渡命令完成整体造型。

单击"过渡"按钮 ![icon]，半径为 2mm，需要过渡的元素选择上顶面，过渡完成后，单击特征树的过渡项目，修改特征，选择文具架下边界线，去除下边界线的圆角，圆角过渡完成，如图 5.21 所示。

图 5.21   构造笔槽圆角

5.3   饮料瓶

5.3.1   饮料瓶造型概述

饮料瓶属于壳体类零件，应用曲面造型和实体特征造型混合的方法进行造型设计。造型中应用到旋转增料、旋转除料、过渡、实体曲面、等距面、拉伸除料、拉伸到面、曲面加厚增料、抽壳、环形阵列等造型方法。

1. 饮料瓶图

饮料瓶图如图 5.22 所示。

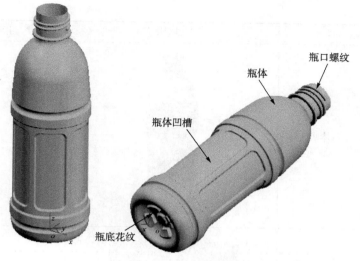

图 5.22　饮料瓶图

2. 饮料瓶造型的基本步骤

创建饮料瓶造型的基本步骤如表 5.3 所示。

表 5.3　创建饮料瓶造型的基本步骤

步　骤	设计内容	设计结果图例	主要设计方法
1	生成瓶体		旋转增料
2	生成一个瓶体凹槽		实体曲面 拉伸除料 过渡

续表

步　骤	设计内容	设计结果图例	主要设计方法
3	生成六个瓶体凹槽		阵列
4	生成瓶底凹腔		旋转除料 过渡
5	生成瓶底图案一部分		实体曲面 曲面加厚增料 过渡
6	生成瓶底图案		阵列
7	生成空腔		抽壳
8	生成瓶口螺纹		公式曲线 导动增料

5.3.2　曲面加厚增料

对指定的曲面按照给定的厚度和方向进行生成实体。

（1）单击"应用"→"特征生成"→"增料"→"曲面加厚"；或者直接单击 ❏ 按钮，弹出"曲面加厚"对话框，如图 5.23 所示。

（2）填入厚度，确定加厚方向，拾取曲面，单击"确定"按钮完成操作。

① 厚度：指对曲面加厚的尺寸，可以直接输入所需数值，也可以单击按钮来调节。

② 加厚方向 1：指曲面的法线方向，生成实体，如图 5.24 所示。

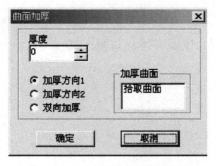
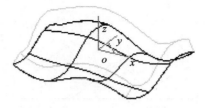

图 5.23　"曲面加厚"对话框　　　　　　图 5.24　曲面加厚方向 1

③ 加厚方向 2：指与曲面法线相反的方向，生成实体，如图 5.25 所示。

④ 双向加厚：指从两个方向对曲面进行加厚，生成实体，如图 5.26 所示。

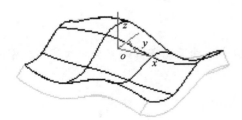
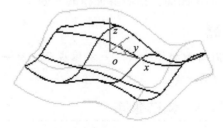

图 5.25　曲面加厚方向 2　　　　　　图 5.26　曲面双向加厚

⑤ 加厚曲面：指需要加厚的曲面。

5.3.3　曲面加厚除料

对指定的曲面按照给定的厚度和方向进行移出的特征修改。

（1）单击"应用"→"特征生成"→"除料"→"曲面加厚"；或者直接单击 ❏ 按钮，弹出"曲面加厚"对话框，如图 5.27 所示。

（2）填入厚度，确定加厚方向，拾取曲面，单击"确定"按钮完成操作。

① 厚度：指对曲面加厚的尺寸，可以直接输入所需数值，也可以单击按钮来调节。

② 加厚方向 1：指曲面的法线方向，生成实体，如图 5.28 所示。

③ 加厚方向 2：指与曲面法线相反的方向，生成实体，如图 5.29 所示。

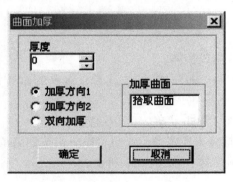

图 5.27　"曲面加厚"对话框

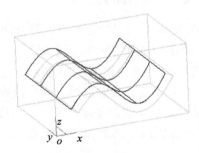

图 5.28　曲面加厚方向 1

④ 双向加厚：指从两个方向对曲面进行加厚，生成实体，如图 5.30 所示。

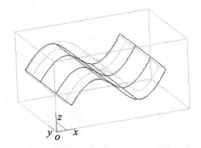

图 5.29　曲面加厚方向 2

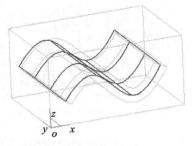

图 5.30　曲面双向加厚

⑤ 加厚曲面：指需要加厚的曲面。

注意

应用曲面加厚除料时，实体应至少有一部分大于曲面。若曲面完全大于实体，系统会提示特征操作失败。

5.3.4　构造瓶体

用旋转增料方法生成饮料瓶瓶体。

1. 作草图

单击特征树上的平面 xz，单击草图按钮 ，画出饮料瓶瓶体草图，未注圆角半径为 1mm，细节未注尺寸根据比例自定，如图 5.31 所示。

2. 构造瓶体

（1）退出草图状态，在瓶轴线处画出一条直线作为旋转轴线。

（2）单击"旋转增料"按钮 ，弹出"旋转增料"对话框，单向旋转，旋转角度为 360°，构造出瓶体造型，如图 5.32 所示。

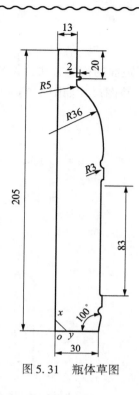

图 5.31　瓶体草图

图 5.32　瓶体造型

5.3.5　构造瓶体凹槽

用拉伸除料、环形阵列、过渡命令生成瓶体凹槽。

1. 构造瓶体凹槽底面

（1）用鼠标单击"曲面工具"→"实体曲面"按钮 🔳，选择"拾取表面"选项，单击瓶体中部，生成瓶体中部曲面，如图 5.33 所示。

（2）用鼠标单击"曲面工具"→"等距面"按钮 🔳，等距距离为 2mm，选择瓶体中部曲面，等距方向向瓶里，生成瓶体凹槽底面，如图 5.34 所示。

图 5.33　生成瓶体中部曲面

图 5.34　生成瓶体凹槽底面

2. 构造瓶体凹槽草图

用鼠标单击"构造基准面"按钮 ◈，选择平行等距面的构造方法，构造条件选择基准平面 xy，平面等距距离为 50mm。在该平面上作草图，草图尺寸如图 5.35 所示。

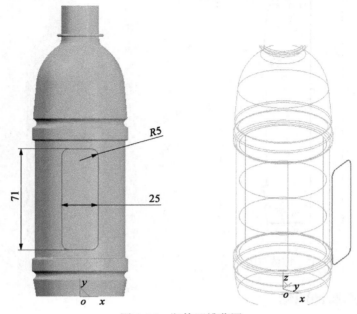

图 5.35   瓶体凹槽草图

3. 构造瓶体一个凹槽

（1）用鼠标单击"拉伸除料"按钮 ▢，拉伸到面，选择瓶体中部内曲面，生成瓶体的一个凹槽，如图 5.36 所示。

（2）用鼠标单击"过渡"按钮 ▢，过渡半径为 1mm，如图 5.37 所示。

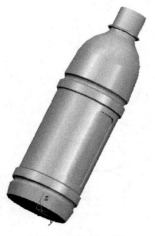

图 5.36   瓶体凹槽

图 5.37   瓶体凹槽圆角

4. 构造瓶体六个凹槽

在瓶子中间画轴线，按 F9 键，切换到 *xy* 坐标面，用鼠标单击"环形阵列"按钮 ，弹出"环形阵列"对话框，生成瓶体上六个凹槽，如图 5.38 所示。

图 5.38　瓶体上六个凹槽

5.3.6　构造瓶底

用过渡、旋转除料、曲面加厚增料、环形阵列命令构造瓶底。

1. 构造瓶底边缘圆角

用鼠标单击"过渡"按钮 ，过渡半径为 10mm，如图 5.39 所示。

2. 构造瓶底凹腔

（1）选择平面 *xy*，作草图，草图尺寸如图 5.40 所示。

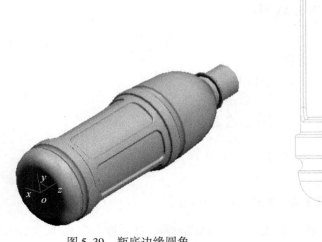

图 5.39　瓶底边缘圆角

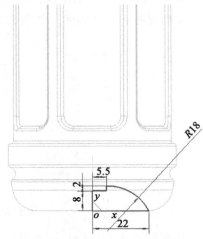

图 5.40　瓶底凹腔草图

（2）用鼠标单击"旋转除料"按钮 ，类型为单向旋转，角度为 360°。

（3）用鼠标单击"过渡"按钮 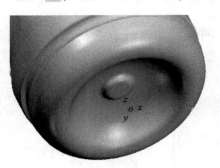 ，过渡半径为 2mm，瓶底凹腔如图 5.41 所示。

图 5.41　瓶底凹腔

3. 构造瓶底图案

（1）用鼠标单击"实体曲面"按钮 ，选择"拾取表面"选项，再单击瓶底凹腔，生成曲面。

（2）按 F9 键切换到 xy 坐标面，画出瓶底图案轮廓，如图 5.42 所示。

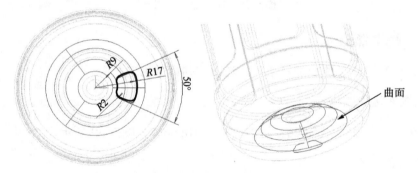

图 5.42　瓶底图案轮廓

（3）用鼠标单击"曲面裁剪"按钮 ，选择"投影线裁剪"选项，投影方向为 z 轴正方向。保留瓶底图案部分曲面，如图 5.43 所示。

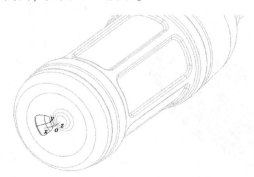

图 5.43　瓶底图案部分曲面

（4）用鼠标单击"曲面加厚增料"按钮 ，"曲面加厚"对话框及瓶底图案如图 5.44 所示。

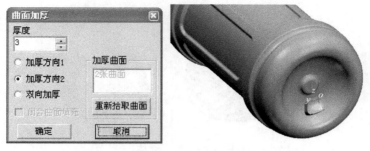

图 5.44　"曲面加厚"对话框及瓶底图案

（5）用鼠标单击"过渡"按钮 ，过渡半径为 1mm，瓶底图案圆角如图 5.45 所示。

图 5.45　瓶底图案圆角

（6）在瓶子中间画轴线，按 F9 键，切换到 xy 坐标面，用鼠标单击"环形阵列"按钮 ，弹出"环形阵列"对话框，在瓶底上生成四个图案，瓶底构造完成，如图 5.46 所示。

图 5.46　瓶底上生成四个图案

5.3.7　构造瓶内腔

用抽壳命令完成内腔造型。

用鼠标单击"抽壳"按钮 ，抽壳厚度 0.5mm，选择瓶口面为需要抽去的面，瓶子壳体如图 5.47 所示。

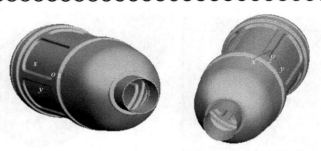

图 5.47　瓶子壳体

5.3.8　构造瓶口螺纹

用导动增料命令完成瓶口螺纹造型。

1. 构造瓶口螺旋线

（1）用鼠标单击"公式曲线"按钮 f(x)，弹出"公式曲线"对话框，如图 5.48 所示。设置圆柱螺旋线，参数如下：

圆柱螺旋线半径 13；

圆柱螺旋线螺距 4；

圆柱螺旋线圈数：1 圈 =2π，2.5 圈 =5π，终止值 =5π≈15.7。

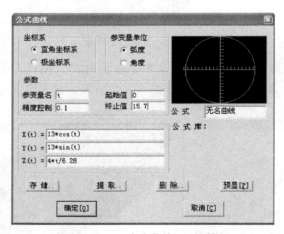

图 5.48　"公式曲线"对话框

（2）作一长度为 180mm 的直线，螺旋线圆心放在直线端点处，如图 5.49 所示。

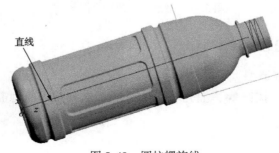

图 5.49　圆柱螺旋线

2. 构造瓶口螺纹

（1）用鼠标单击"构造基准面"按钮 ，弹出"构造基准面"对话框，如图 5.50 所示。选择过点且垂直于曲线确定基准面，构造条件选择螺旋线的端点和螺旋线，平面 5 构造完成。

（2）选择平面 5，作螺纹截面草图，草图尺寸如图 5.51 所示。

图 5.50　"构造基准面"对话框

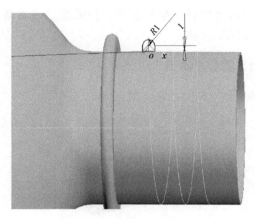

图 5.51　螺纹截面草图

（3）用鼠标单击"导动增料"按钮 ，弹出"导动"对话框，轮廓截面线选择螺纹截面草图，轨迹线选择螺旋线，选项控制选择固接导动。螺纹构造完成，如图 5.52 所示。

图 5.52　瓶口螺纹

饮料瓶构造完成，如图 5.53 所示。

图 5.53　饮料瓶

5.4　笔台

5.4.1　笔台造型概述

笔台属于壳体类零件，应用曲面造型和实体特征造型混合的方法进行造型设计。造型中应用到拉伸增料、拉伸除料、扫描面、曲面裁剪/面裁剪、曲面裁剪除料、导动面、过渡等造型及编辑方法。

1. 笔台立体图

笔台立体图如图 5.54 所示。

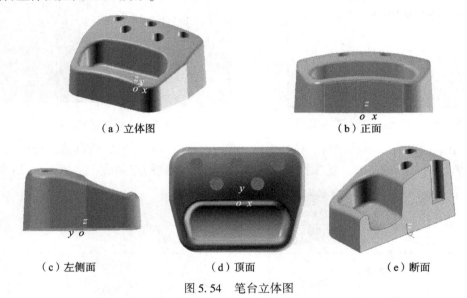

（a）立体图　　　　　　　　　　　　　　　　　（b）正面

（c）左侧面　　　　　　（d）顶面　　　　　　（e）断面

图 5.54　笔台立体图

2. 笔台造型步骤

笔台造型的基本步骤如表 5.4 所示。

表 5.4　笔台造型的基本步骤

步　　骤	设计内容	设计结果图例	主要设计方法
1	绘制基本轮廓图		应用各种曲线工具，绘制的非草图图形
2	拉伸外轮廓		拉伸增料

步　骤	设计内容	设计结果图例	主要设计方法
3	创建孔		拉伸除料
4	创建凹槽侧面曲面		曲线组合 曲面生成/扫描面
5	创建凹槽底面		曲面生成/扫描面
6	创建凹槽		曲面生成/实体曲面 曲线生成/相关线 特征生成/除料/拉伸到面
7	绘制截面线和导动线		曲线绘制命令
8	创建曲面并裁剪成形		曲面生成/导动面/平行导动 线面编辑/曲面裁剪
9	倒圆角，完成整体设计		特征生成/过渡

5.4.2 创建笔台基本外形

1. 创建基本轮廓

（1）在 xy 平面内绘制笔台轮廓草图，如图 5.55 所示。

注意

该图形不在草图状态下。

（2）以 xy 平面为草图平面，单击"曲线投影"按钮 ，将笔台外轮廓投影到该平面，得到轮廓草图。

（3）单击"拉伸增料"按钮 ，设置拔模斜度的角度为 3°，将草图拉伸 50mm，如图 5.56 所示。

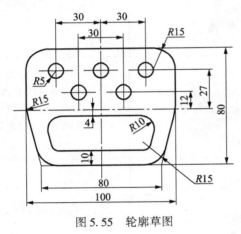

图 5.55   轮廓草图

图 5.56   拉伸轮廓

2. 创建孔

（1）以形体顶面作为草图基本面，单击"曲线投影"按钮 ，分别拾取直径为 10mm 的圆，得到孔的草图，如图 5.57 所示。

（2）单击"拉伸除料"按钮 ，设置拉伸深度为 35mm，创建五个圆孔，如图 5.58 所示。

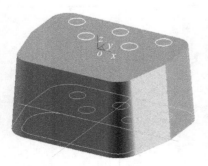

图 5.57   孔的草图

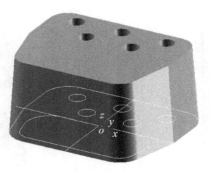

图 5.58   创建五个圆孔

5.4.3　创建凹槽

1. 创建凹槽侧面曲面

（1）单击"曲线组合"按钮 ⮌ ，将凹槽的轮廓图组合成整体，然后单击"移动"按钮，将图形向上移动 8mm，如图 5.59 所示。

（2）单击"扫描面"按钮 ⛀ ，设置扫描距离为 50mm，扫描角度为 5°（向外），拾取凹槽侧面轮廓，生成凹槽侧面曲面，如图 5.60 所示。

图 5.59　移动凹槽轮廓图

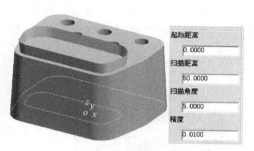

图 5.60　创建凹槽侧面曲面

2. 创建凹槽槽底曲面

（1）按 F6 键将坐标面切换到 yz 平面，按图 5.61 标注的尺寸绘制槽底轮廓曲线。

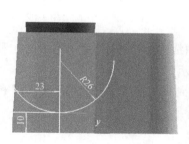

图 5.61　绘制槽底轮廓曲线

（2）单击"移动"按钮 ▣ ，将轮廓曲线向 x 轴正方向移动 60 mm，如图 5.62（a）所示。

（3）单击"扫描面"按钮 ⛀ ，设置扫描距离为 120mm，生成槽底曲面，如图 5.62（b）所示。至此，已经在笔筒的内部创建了围成笔筒凹槽的各曲面。

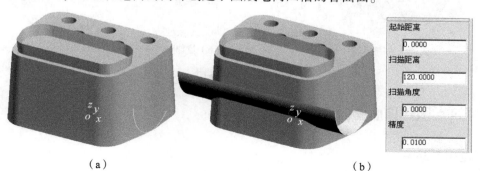

（a）　　　　　　　　　　　　　　　　　（b）

图 5.62　围成笔筒凹槽的各曲面

3. 挖出凹槽

（1）选择菜单栏中的"应用"→"曲面生成"→"实体表面"，可以把通过特征生成的实体表面剥离出来而形成一个独立的面。在系统"拾取实体表面"的提示下，选择实体的顶面，即可得到独立的实体顶面，如图 5.63 所示。

（2）单击"曲线工具"条中的"相关线"按钮 ，在立即菜单中选择"曲面交线"，应用该命令可以绘制曲面或实体的交线。激活命令后，系统提示"拾取第一张曲面"，此时可单击曲面 1，然后再拾取曲面 2，即可获得两个曲面的交线，如图 5.64 所示。

（3）拾取曲面 1 和曲面 2，单击鼠标右键在快捷菜单中选择"隐藏"菜单项，曲面将被隐藏如图 5.64 所示，若需要显示该曲面，单击"线面可见"按钮，然后选择需要显示的曲面。

图 5.63　剥离顶面

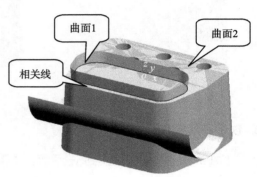

图 5.64　生成"相关线"

（4）选择实体顶面进入草图状态，单击"曲线投影"按钮 ，将曲面 1 和曲面 2 的交线投影到当前的草图平面上，如图 5.65（a）所示。

（5）单击"拉伸减料"命令，选择"拉伸到面"类型，分别拾取草图和曲面，单击"确定"按钮，创建的凹槽如图 5.65（b）所示。

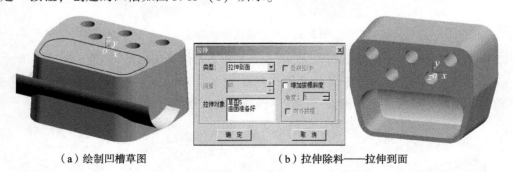

（a）绘制凹槽草图　　　　　　　　　　　（b）拉伸除料——拉伸到面

图 5.65　创建凹槽

5.4.4　创建顶面曲面

1. 绘制导动线

（1）单击 F6 键，在 yz 平面上绘制导动线。

注意

该曲线为空间曲线，不要在草图状态下绘制。

（2）单击"曲线工具"→"直线"，过原点绘制一条水平线，其长度为 80mm，单击"等距线"按钮，等距复制出两条水平线，其距离分别为 25mm、45mm。

（3）单击"直线"按钮 ＼，选择"角度线"方式，设置直线与水平线的夹角为 20°，过距底面 25mm 水平线的左端点绘制一条斜线，该斜线与距底面 45mm 的水平线相交。

（4）单击"整圆"按钮 ⊕，选择"两点_半径"方式，过直线和斜线的切点绘制一个半径为 60mm 的圆，修剪成一条光滑曲线，如图 5.66 所示。

（5）单击"曲线组合"按钮 ↵，分别单击斜线和圆弧，将二者合成一体。

2. 绘制截面线

（1）单击 F7 键，在 xz 平面上绘制截面线。

注意

该曲线为空间曲线，不要在草图状态下绘制。

（2）绘制一条与底面相距 17.705mm 的直线与左右两条线相交，过两交点绘制半径为 175mm 的弧线，如图 5.67 所示。

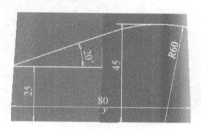

图 5.66　绘制导动线

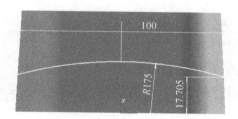

图 5.67　绘制截面线

3. 生成曲面

单击"导动面"按钮 ▯，分别选择导动线和截面线，如图 5.68 所示，生成一张曲面，如图 5.69 所示。

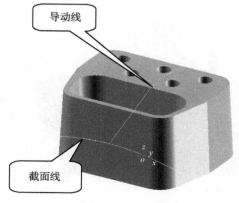

图 5.68　导动线与截面线

图 5.69　生成曲面

4. 曲面裁剪

（1）单击"曲面裁剪除料"按钮 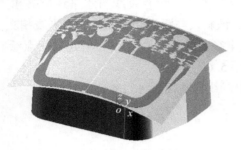，拾取曲面，将除料方向朝上，单击鼠标右键确定，即可将曲面以上的实体除掉，如图 5.70 所示。

（2）隐藏曲面，图 5.71 所示。

图 5.70　曲面裁剪除料

图 5.71　隐藏曲面

5.4.5　倒圆角

单击"过渡"按钮 ，分别选取各边线，设置倒角半径为 4mm，完成笔台的造型设计，如图 5.72 所示。

5.5　上机实战

（1）按键垫零件图如下，用拉伸增料、扫描面、曲面裁剪除料等实体和曲面综合应用命令，完成下面零件的造型。

图 5.72　倒圆角

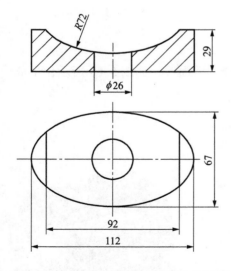

（2）叶轮零件图如下，应用实体和曲面综合应用的命令完成叶轮的造型。

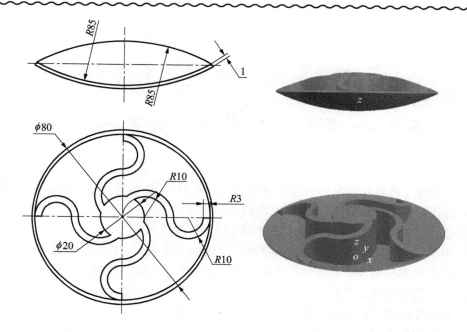

（3）充电器立体图如下，根据零件结构及比例，自己设计尺寸，完成下面充电器的造型。

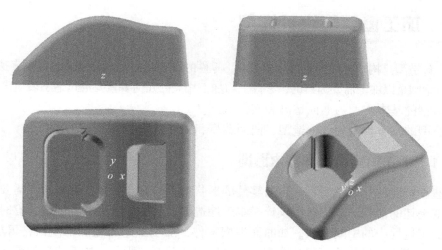

第6章 零件加工

CAXA 制造工程师除了具有计算机辅助设计（CAD）功能外，还具有面向数控铣床和加工中心的计算机辅助制造（CAM）的功能。

应用 CAXA 制造工程师软件进行零件加工的基本步骤为：

（1）根据零件图，绘制刀具轨迹设置所需要的加工造型——曲线、曲面或实体；
（2）综合考虑机床性能、零件形状特征等，选择加工方式，生成刀具轨迹；
（3）刀具轨迹仿真加工；
（4）根据使用机床的实际情况，设置好机床及参数；
（5）生成数控程序代码；
（6）生成加工工序单。

6.1 加工造型与设计造型

零件设计造型是构造零件的完整结构形状，零件的所有几何要素都要通过造型表达出来。零件的加工造型则是以加工需要为目的，零件上与加工相关的几何要素要通过造型表达出来。

设计造型的基本类型为曲面造型和实体造型。

加工造型的基本类型为线框造型、曲面造型和实体造型。

6.1.1 加工造型按工序要求造型

加工造型构建的几何模型不一定与零件的形状和尺寸完全一致，有时加工需要按照工序来逐渐改变毛坯的形状，加工造型仅针对本工序造型，为本工序服务。因此，有时的加工造型为零件加工过程中的中间形状。如曲面沟槽零件，加工工序为先加工曲面，再加工凹槽，所以在加工曲面时，只对曲面部分造型。设计造型如图 6.1 所示，加工造型如图 6.2 所示。

图 6.1 设计造型

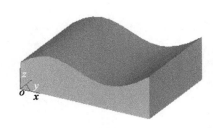

图 6.2 加工造型

6.1.2 加工造型按加工方法的要求造型

CAXA 软件所提供的加工方法有多种，有些加工方法对造型要求简单，加工造型并不需要实体造型和曲面造型，而只要制作出线框造型即可。如凸台零件可以采用平面轮廓加工的方法进行加工，其加工造型只要用线框构建零件顶面形状轮廓，给定拔模斜度和其他相应参数，便可完成其零件侧面的加工。凸台的加工造型和设计造型分别如图 6.3、图 6.4 所示。

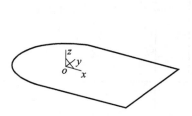

图 6.3　凸台的加工造型

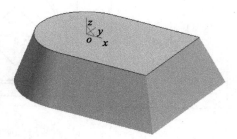

图 6.4　凸台的设计造型

6.2 凸台加工

6.2.1 凸台加工概述

凸台属于箱体类零件，其零件的加工底面均为平面，应用平面轮廓线加工和平面区域加工的方法进行加工，四个通孔应用钻孔的方法进行加工。

1. 凸台零件图

凸台零件图如图 6.5 所示。

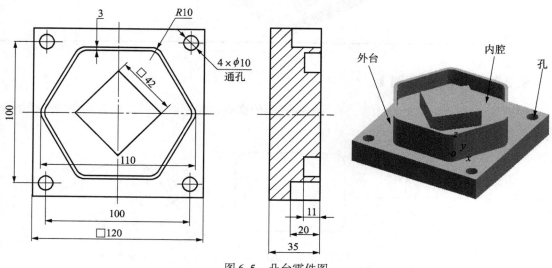

图 6.5　凸台零件图

2. 凸台加工的基本步骤

凸台加工设计及加工步骤如表 6.1 所示。

表 6.1 凸台加工设计及加工步骤

步骤	设计内容	设计结果图例	主要设计方法
1	加工造型 线框造型		曲线绘制
2	外台加工		平面轮廓加工
3	内腔加工		平面区域加工
4	通孔加工		钻孔

6.2.2 平面轮廓加工

平面轮廓加工可以加工封闭、不封闭的平面轮廓线。轮廓线是一系列首尾相接曲线的集合，如图 6.6 所示。

开轮廓线   闭轮廓线   有自交点的轮廓线

图 6.6 轮廓线

使用命令：“应用”→“轨迹生成”→“平面轮廓加工”。

平面轮廓加工参数选项卡如图 6.7 所示。

图 6.7　平面轮廓加工参数选项卡

1. 平面轮廓加工参数

（1）加工参数

● 加工精度：输入模型的加工精度。计算模型的轨迹误差小于此值。加工精度越高，模型形状的误差也越大，模型表面越粗糙。加工精度越低，模型形状的误差也越小，模型表面越光滑，但是轨迹段的数目增多，轨迹数据量就变大。

加工精度如图 6.8 所示。

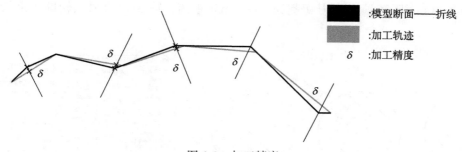

- ■ :模型断面——折线
- ▬ :加工轨迹
- δ :加工精度

图 6.8　加工精度

● 拔模斜度：输入加工面与竖直面的角度。加工侧面为竖直面时，拔模斜度为 0°。

● 刀次：输入 xy 方向上刀加工的刀位行数，最多可以定义 10 次。

● 顶层高度：指定切削量 z 范围的最大值。

● 底层高度：指定切削量 z 范围的最小值。

● 每层下降高度：用于输入 z 方向的每次切削量。

（2）拐角过渡方式

● 圆弧：刀具拐弯时生成圆弧轨迹。

- 尖角：刀具拐弯时生成直线轨迹。

拐角过渡方式如图 6.9 所示。

（3）走刀方式

- 单向：刀具在 xy 方向切削时沿一个方向运动。
- 往复：刀具在 xy 方向切削过程中不抬刀。

走刀方式如图 6.10 所示。

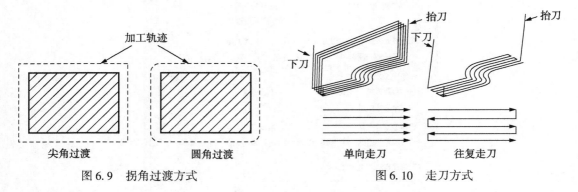

图 6.9   拐角过渡方式   图 6.10   走刀方式

（4）轮廓补偿

- ON：刀具的中心在加工轮廓线上生成轨迹，不增加刀具的半径补偿。
- TO：刀具的中心偏离轮廓线距离为刀具半径值，增加刀具的半径补偿。
- PAST：刀具的中心偏离轮廓线距离为刀具直径值，增加刀具的直径补偿。

轮廓补偿如图 6.11 所示。

（5）行距定义方式

- 行距方式：输入 xy 方向的切削量，相邻两刀在 xy 方向的距离。
- 余量方式：当刀次为 2 或以上时，余量方式的定义余量为可选项。分别输入 xy 方向的切削后的剩余量。例如，刀次为 3 时，余量方式分别为 3、1、0，表示第 1 刀切削完，毛坯距轮廓有 3mm 距离，第 2 刀切削完，有 1mm 距离，第 3 刀切削到轮廓。余量方式如图 6.12 所示。

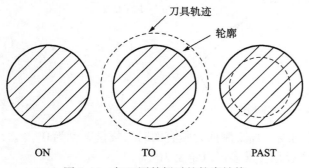

图 6.11   加工圆外侧时的轮廓补偿

图 6.12   余量方式

- 加工余量：相对零件轮廓的残留尺寸。

（6）拔模基准

- 底层为基准：拔模后零件的底层达到轮廓尺寸。
- 顶层为基准：拔模后零件的顶层达到轮廓尺寸。拔模基准如图 6.13 所示。

（7）层间走刀

- 单向：刀具在切削过程中，由一层切换到另一层时，刀具先抬高再切深到下层深度。
- 往复：刀具在切削过程中，由一层切换到另一层时，刀具直接切深到下层深度。

层间走刀如图 6.14 所示。

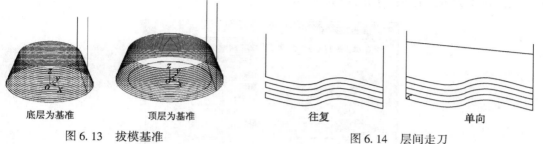

底层为基准　　　　　顶层为基准　　　　　往复　　　　　单向

图 6.13　拔模基准　　　　　　　　　　图 6.14　层间走刀

（8）机床自动补偿（G41、G42）

选择在 NC 数据中是否输出 G41、G42 代码。该参数在"进退刀方式"对话框中设定为"圆弧"或者"直线"时有效。

2. 切削用量

切削用量选项卡如图 6.15 所示。

图 6.15　切削用量选项卡

（1）速度值

速度值设定轨迹各位置的相关进给速度及主轴转速。

- 主轴转速：设定主轴转速的大小，单位为 r/min。
- 接近速度：设定接近工件表面后（慢速下刀的距离），刀具进给速度的大小，单位为 mm/min。
- 切削速度：设定切削时的进给速度的大小，单位为 mm/min。
- 退刀速度：设定退刀轨迹段的进给速度的大小，单位为 mm/min。
- 行间连接速度：设定上下两行之间的进给速度的大小，单位为 mm/min。

（2）高度值

- 起止高度：起刀点和退刀点距坐标原点的高度值。
- 安全高度：刀具快速移动而不会与毛坯或模型发生干涉处距坐标原点的高度值。

● 慢速下刀相对高度：在接近工件要过渡到切削速度时，距工件切削面的高度值。

3. 进退刀方式

进退刀方式是指刀具在 xy 方向上接近工件的方式，分别有垂直、直线、圆弧和强制四种方式。进退刀方式选项卡如图 6.16 所示。

图 6.16　进退刀方式选项卡

（1）进刀方式

● 垂直：刀具在工件的第一个切削点直接开始切削。
● 直线：刀具按照给定长度，以相切方式向工件第一个切削点前进。
● 圆弧：刀具按照给定半径，以 1/4 圆弧向工件第一个切削点前进。
● 强制：刀具按照给定点 (x, y, z) 下刀，向工件第一个切削点前进。

（2）退刀方式

● 垂直：刀具在工件的最后一个切削点直接开始退刀。
● 直线：刀具按照给定长度，以相切方式向工件最后一个切削点前进。
● 圆弧：刀具按照给定半径，以 1/4 圆弧向工件最后一个切削点前进。
● 强制：刀具按照给定点 (x, y, z) 下刀，向工件最后一个切削点前进。

进退刀方式如图 6.17 所示。

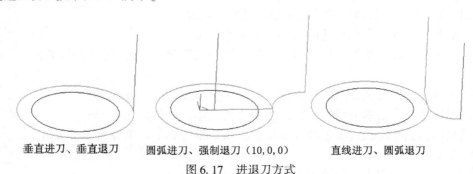

垂直进刀、垂直退刀　　　圆弧进刀、强制退刀（10, 0, 0）　　　直线进刀、圆弧退刀

图 6.17　进退刀方式

4. 下刀方式

下刀方式是指在 z 轴方向上刀具的运动方式，有垂直、螺旋、倾斜和渐切方式。下刀方式选项卡如图 6.18 所示。

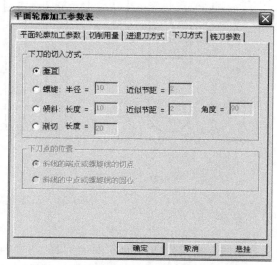

图 6.18　下刀方式选项卡

- 垂直：在两个切削层之间刀具从上层直接切入下一层。
- 螺旋：在两个切削层之间刀具从上层沿螺旋线渐进地切入下一层。
- 倾斜：在两个切削层之间刀具从上层沿折线渐进地切入下一层。
- 渐切：在两个切削层之间刀具从上层沿斜线渐进地切入下一层。

切入方式如图 6.19 所示。

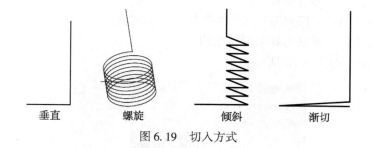

图 6.19　切入方式

5. 铣刀参数

（1）铣刀的组成

刀具主要由刀刃、刀杆、刀柄三部分组成，如图 6.20 所示。

（2）铣刀种类及适用范围

CAXA 制造工程师提供了三种铣刀参数。

球头刀：$r = R$，适应于具有斜面、曲面的零件加工。

端刀：$r = 0$，适应于平面类的零件加工。

圆角刀：$r < R$，适应于具有底面为带圆角的平面的零件加工。

r 为刀具半径；*R* 为刀角半径；*l* 为刀刃长度；*L* 为刀杆长度。

刀具分类如图 6.21 所示。

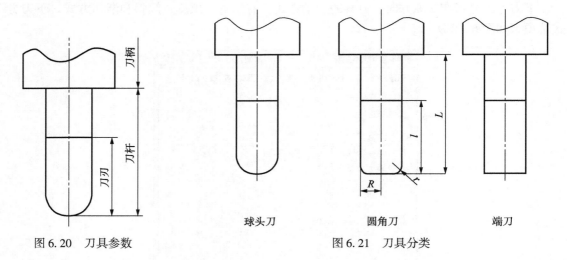

图 6.20　刀具参数　　　　　　　　　　　　　图 6.21　刀具分类

（3）铣刀参数设置

- 当前铣刀名：刀具库中能存放用户定义的不同的刀具，包括钻头、铣刀（球刀、圆角刀、端刀）等。使用中用户可以很方便地从刀具库中取出所需要的刀具。
- 刀具号：刀具在加工中心刀库中的位置编号，便于加工过程中换刀。
- 刀具补偿号：刀具半径补偿值对应的编号。
- 刀具半径：刀刃部分最大截面圆的半径大小。
- 刀角半径：刀刃部分球形轮廓区域半径的大小，只对铣刀有效。
- 刀刃长度：刀刃部分的长度。
- 刀杆长度：刀柄部分的长度。
- 增加铣刀：用户可以向刀具库中增加新定义的刀具。
- 预览铣刀参数：显示刀具的形状结构。

铣刀参数选项卡如图 6.22 所示。

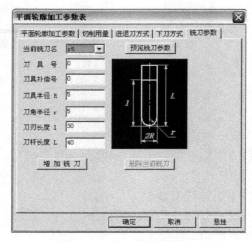

图 6.22　铣刀参数选项卡

6.2.3　平面区域加工

平面区域加工是生成具有多个岛（不加工部分）的底面为平面区域的刀具轨迹的加工方法。

区域是指一个闭合轮廓围成的内部空间，其内部可以有岛，岛也是闭合的轮廓。区域指轮廓和岛之间的部分。由外轮廓和岛共同指定待加工的区域。外轮廓用来指定加工区域的外部边界，岛用来屏蔽其内部不需要加工的部分。轮廓与岛如图 6.23 所示。

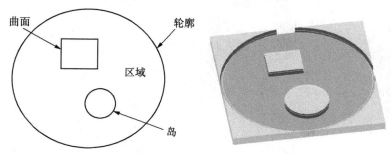

图 6.23　轮廓与岛

所用命令："应用" → "轨迹生成" → "平面区域加工"。

系统弹出"平面区域加工参数表"对话框，如图 6.24 所示。共 6 项参数，其中切削用量、进退刀方式、下刀方式及铣刀参数与平面轮廓加工参数中的内容相同。下面介绍平面区域加工参数表和清根参数。

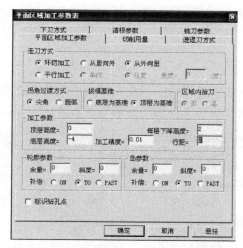

图 6.24　"平面区域加工参数表"对话框

1. 平面区域加工参数

（1）走刀方式
- 环切加工（从里向外）：刀具沿环状从轮廓中心向外圈扩展切削。
- 环切加工（从外向里）：刀具沿环状从轮廓外圈向中心切削。
- 平行加工（单向）：刀具沿一个方向加工。
- 平行加工（往复）：刀具到达加工边界不抬刀，按切削区域继续向反方向运动。

● 角度：在平行走刀时，设定刀具轨迹与水平线的夹角，逆时针为正值。

走刀方式如图 6.25 所示。

（2）区域内抬刀

● 是：在区域中有岛轮廓时，刀抬起到安全高度而跳过岛轮廓继续切削。

● 否：在区域中有岛轮廓时，刀绕过岛轮廓继续切削。

区域内抬刀如图 6.26 所示。

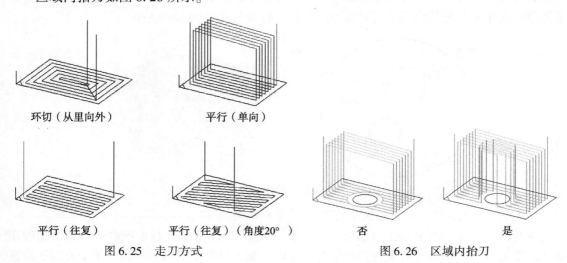

环切（从里向外）　　　平行（单向）

平行（往复）　　平行（往复）（角度20°）　　　否　　　　是

图 6.25　走刀方式　　　　　　　图 6.26　区域内抬刀

（3）轮廓参数和岛参数

轮廓参数和岛参数中可以分别设置余量、斜度和刀具半径补偿方法。相关参数的含义可参见 6.2.2 内容。

2. 清根参数

清根是指在一层的区域加工结束后，刀具在该层再沿轮廓或岛进行一次加工，用以提高轮廓和岛的加工精度，一般在精加工时选用。清根参数选项卡如图 6.27 所示。

图 6.27　清根参数选项卡

（1）轮廓清根：区域加工结束后，刀具沿轮廓进行再加工，用以提高轮廓加工精度。一般在精加工时选用。轮廓清根如图 6.28 所示。

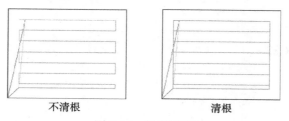

不清根　　　　　　　　　　清根

图 6.28　轮廓清根

（2）岛清根：区域加工结束后，刀具沿岛再加工，用以提高岛轮廓加工精度。一般在精加工时选用。

（3）轮廓清根余量和岛清根余量：设定区域和岛加工时留给清根切削时的切削量。一般若选择清根操作，则应设定余量，以避免在清根操作时刀具与轮廓和岛干磨（无切削量），从而造成工件表面质量下降。

6.2.4　钻孔

钻孔的功能是生成孔加工的刀具轨迹。

所用命令："应用"→"轨迹生成"→"钻孔"。

"钻孔参数表"对话框如图 6.29 所示。

1. 钻孔参数

（1）钻孔模式

CAXA 制造工程师提供 12 种钻孔模式，如图 6.30 所示。钻孔模式与其对应程序代码如下：

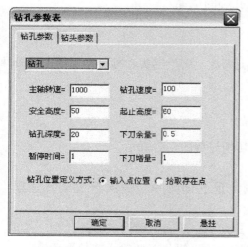

图 6.29　"钻孔参数表"对话框

图 6.30　钻孔模式

- 高速啄式钻孔 G73
- 左攻丝 G74
- 精镗孔 G76
- 钻孔 G81
- 钻孔＋反镗孔 G82
- 啄式钻孔 G83
- 攻丝 G84
- 镗孔 G85
- 镗孔（主轴停）G86
- 反镗孔 G87
- 镗孔（暂停＋手动）G88
- 镗孔（暂停）G89

（2）钻孔参数
- 安全高度：刀具在此高度以上任何位置，均不会碰伤工件和夹具。
- 主轴转速：机床主轴的转速。
- 起止高度：刀具初始位置。
- 钻孔速度：钻孔刀具的进给速度。
- 钻孔深度：孔的加工深度。
- 下刀余量：钻孔时，钻头快速下刀到达的位置，即距离工件表面的距离，由这一点开始按钻孔速度进行钻孔。
- 暂停时间：攻丝时刀在工件底部的停留时间。
- 下刀增量：钻孔时每次钻孔深度的增量值。

（3）钻孔位置定义方式
- 输入点位置：输入点的坐标，确定孔心的位置。
- 拾取存在点：拾取屏幕上的存在点，确定孔心的位置。

2. 钻头参数

在钻头参数选项卡中可以选择钻头、改变钻头参数、删除钻头和预览钻头图形，具体设置方法参见 6.2.2 内容。

6.2.5　刀具轨迹仿真

刀具轨迹仿真是在刀具轨迹生成后，对刀具切削过程的动态展示。

所用命令："应用"→"轨迹仿真"。

选择已生成的刀具轨迹，在绘图区的左侧出现立即菜单，每项下面又有选项，如图 6.31 所示。

（1）毛坯设置：仿真时毛坯为长方体形状，其大小有下面三种设定形式。
- 拾取两点：毛坯由长方体的两个对角点设定大小。操作时要输入或拾取两点。
- 自动计算：毛坯的大小由系统自动设定大于刀具轨迹范围的轮廓尺寸。
- 磁盘读取：毛坯的大小由已经保存的文件来输入设定。

（2）刀具显示设置：仿真时刀具显示状态。

- 刀具透明：仿真过程刀具为模糊显示。
- 刀具不透明：仿真过程刀具为真实清楚的显示。

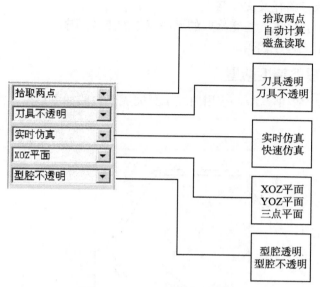

图 6.31　CAXA 轨迹仿真选项

（3）仿真过程设置：是否演示仿真过程。
- 实时仿真：演示刀具切削的整个过程。
- 快速仿真：刀具切削的过程不显示，只显示切削的结果。比实时仿真时间短。
（4）仿真后观察结果剖面：对仿真切削完的零件观察剖面结果。
- XOZ 平面：零件从所选点，沿 XOZ 平面剖开。
- YOZ 平面：零件从所选点，沿 YOZ 平面剖开。
- 三点平面：要输入或拾取不在一条直线上的三个点，零件沿三点平面剖开。
（5）仿真零件显示：仿真过程中零件的显示状态。
- 型腔透明：仿真过程零件为模糊显示。
- 型腔不透明：仿真过程零件为真实清楚的显示。

6.2.6　加工工序单

在刀具轨迹仿真结果理想的情况下，可以生成加工工艺单，以形成工艺文件，文件格式为 .htm。

所用命令："应用"→"后置处理"→"生成工序单"。

操作步骤：

（1）确定工序单保存路径及文件名。

（2）依加工顺序拾取刀具轨迹。

（3）系统自动生成工序单。

6.2.7　加工程序代码

在刀具轨迹设定的情况下，可以生成加工程序代码。所生成的代码为 .txt、.dos、.cut 的文本文件。

所用命令："应用"→"后置处理"→"生成 G 代码"。

操作步骤：

（1）确定程序保存路径及文件名。

（2）依次拾取刀具轨迹，注意拾取的顺序就是加工的顺序。

（3）系统自动生成程序代码。

6.2.8　凸台零件加工造型

凸台的加工造型为线框造型。应用曲线工具完成凸台的加工造型，注意制作出孔心位置点，如图 6.32 所示。

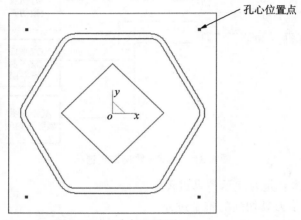

图 6.32　凸台加工造型

6.2.9　外台加工——平面轮廓加工

1. 平面轮廓加工参数

采用平面轮廓加工的方法加工外台，设置平面轮廓加工参数。单击"应用"→"轨迹生成"→"平面轮廓加工"，应用 $\phi20$ 的端刀加工。其参数设置如图 6.33 所示。

2. 生成轮廓线加工刀具轨迹

（1）拾取轮廓和加工方向，选择六边形外圈为加工轮廓，加工方向为顺时针方向，如图 6.34 所示。

（2）拾取箭头方向，表示选择加工侧面，拾取外箭头。

（3）拾取进刀点，选择进刀位置点，可以让系统帮助选取，从而避免划刀（产生错误的轨迹，刀具切削到错误位置）。

（4）拾取退刀点，选择退刀位置点，单击鼠标右键。

刀具轨迹完成，如图 6.35 所示。

🐝 注意

平面轮廓加工的进刀点和退刀点，都由鼠标右键响应。

图 6.33 平面轮廓加工参数设置

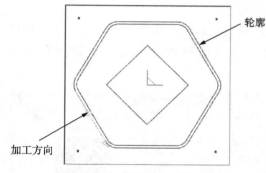

图 6.34 拾取轮廓线加工轮廓

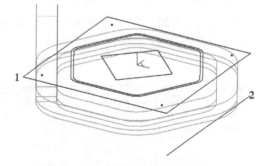

图 6.35 轮廓线加工刀具轨迹

3. 刀具轨迹仿真

单击"应用"→"轨迹仿真",选择已生成的刀具轨迹,在绘图区的左侧出现立即菜单,轨迹仿真选项如图 6.36 所示。

🐝 **注意**

应先制作好毛坯长方体,准备好毛坯。

操作步骤:

(1)拾取刀具轨迹,右键结束选取。

(2)拾取毛坯的对角点,见图 6.35 中的 1、2 点。

可以看到毛坯实体显示、刀具显示、刀具运动演示,外台轨迹仿真结果如图 6.37 所示。

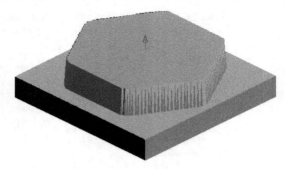

图 6.36　轨迹仿真选项　　　　　　图 6.37　外台轨迹仿真结果

轨迹仿真完成后，可以在毛坯上选点，以观察剖面。也可以单击右键，保存仿真结果。按 Esc 键退出仿真状态，外台刀具轨迹设置完成。

为了便于后续刀具轨迹的设置，可以用鼠标右键单击加工轨迹，调出快捷菜单，选择"隐藏"，将轨迹隐藏。

6.2.10　内腔加工——平面区域加工

1. 设置平面区域加工参数

采用平面区域加工的方法完成内腔的粗精加工，加工余量设置为 0。

所用命令"应用"→"轨迹生成"→"平面区域加工"。

因为零件内腔内角半径为 8mm，根据加工工艺要求，加工刀具半径应小于等于零件内角半径，所以应用 φ10 的端刀加工。其参数设置如图 6.38 所示。其余参数设置参见图 6.33。

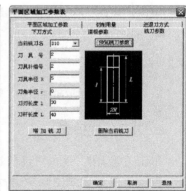

图 6.38　平面区域加工参数设置

2. 生成平面区域加工刀具轨迹

选择六边形内圈为加工轮廓，菱形为岛，刀具轨迹完成，如图 6.39 所示。

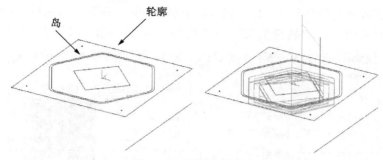

图 6.39 内腔刀具轨迹

3. 刀具轨迹仿真

首先显示外台刀具轨迹，单击标准工具栏中的线面可见图标 💡，外台轨迹呈红色显示，鼠标单击轨迹，隐藏轨迹显示。

所用命令"应用"→"轨迹仿真"。

操作步骤：

（1）首先选择外台轨迹，再选择内腔轨迹，单击右键结束选择。

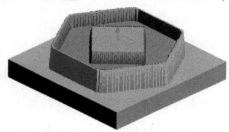

（2）选择毛坯对角点。

刀具轨迹仿真结果如图 6.40 所示。

图 6.40 外台与内腔轨迹仿真结果

6.2.11 通孔加工——钻孔

1. 钻孔深度应考虑的问题

在零件图上，通常都标注孔的有效深度，在钻孔加工方式的参数表中，钻孔深度值是指包括钻头尖的总深度。为保证有效深度的通孔直径尺寸，钻孔深度参数要考虑钻头尖的锥角所占有的深度。

钻孔深度值有三种算法：

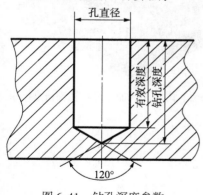

图 6.41 钻孔深度参数

方法 1：三角函数计算法。标准钻头锥角为 118°，可以应用三角函数计算出钻孔深度（简化为 120° 计算）。

钻孔深度 = 有效深度 + 孔半径 × tg30°。

方法 2：估算法。如果孔深的尺寸精度要求不高的话，采取粗略估算法。

钻孔深度 = 有效深度 + 钻头半径。

方法 3：查表法。查机械加工手册中的相关参数值。

钻孔深度参数如图 6.41 所示。

2. 凸台零件的孔加工参数

在零件的底板上，有四个通孔。应用 $\phi 10$ 的钻头加工，采用钻孔加工的方法，生成刀具轨迹。

（1）将加工造型上的钻孔点，沿 z 轴方向下移 20mm，使其到达底板上表面位置。

（2）单击"应用"→"轨迹生成"→"钻孔"，设置参数，如图 6.42 所示。

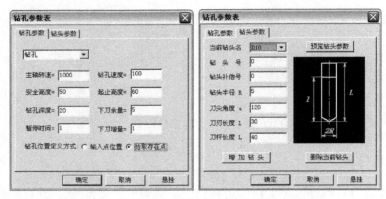

图 6.42　钻孔加工参数设置

3. 生成孔加工刀具轨迹

分别选择四个孔中心点，刀具轨迹完成，如图 6.43 所示。

4. 刀具轨迹仿真

单击"应用"→"轨迹仿真"，分别选取已生成的刀具轨迹，再选择毛坯对角点，进行孔加工轨迹仿真，其结果如图 6.44 所示。

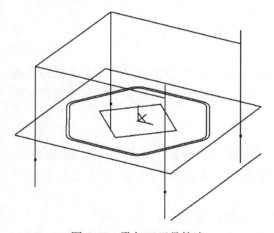

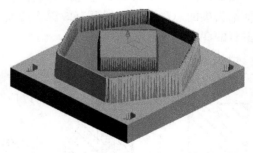

图 6.43　孔加工刀具轨迹　　　　图 6.44　外台、内腔及孔加工刀具轨迹仿真结果

6.2.12　生成加工工序单

（1）单击"应用"→"后置处理"→"生成工序单"。

（2）确定工序单保存路径及文件名。

（3）分别选取刀具轨迹。

（4）系统自动生成加工轨迹明细单。

加工轨迹明细单						
序号	代码名称	刀具号	刀具参数	切削速度	加工方式	加工时间
1	无	1	刀具直径 = 20.00 刀角半径 = 0.00 刀刃长度 = 40.000	1 000	平面轮廓	3 分钟
2	无	2	刀具直径 = 10.00 刀角半径 = 0.00 刀刃长度 = 30.000	1 000	平面区域	5 分钟
3	无	3	刀具直径 = 10.00 刀角半径 = 120.00 刀刃长度 = 30.000	100	钻孔	5 分钟

注："加工轨迹明细单"是软件自动生成的表格，此软件存在一些缺陷，主要问题是刀具参数与设置时钻头参数的表述不一致。表中"刀角半径 = 120.00"即为参数设置中的"刀尖角度 = 120"。后面出现的情况与此相同。

6.2.13 生成加工程序

（1）单击"应用"→"后置处理"→"生成 G 代码"。

（2）确定程序保存路径及文件名。

（3）分别选取刀具轨迹，注意拾取的顺序即加工的顺序。

（4）系统自动生成程序代码。可根据所应用的数控机床的要求，适当修改程序内容。部分程序如下：

```
%1234
（1.cut,2008.8.8,8:08）
N10G90G54G00Z40.000
N12S1000M03
N14X52.000Y－0.000Z40.000
N16Z30.000
N18Z－2.000
N20G01Z－7.000F100
N22G02X52.000Y0.000I－52.000J0.000F200
N24G01Z30.000F100
……
N6652X－6.149Y7.061
N6654X－6.345Y6.559
N6656X－6.413Y6.340
N6658Z30.000F100
N6660G00Z40.000
N6662M05
N6664M30
```

6.3 公司标牌加工

公司标牌上表面为曲面，其上的标识圆及"L"文字的底面也是曲面。整体零件应用等高粗加工的方法进行粗加工，上表面加工可以应用曲面区域加工和参数线加工。圆和"L"文字采用投影加工的方法加工。

6.3.1 公司标牌零件图

公司标牌图如图 6.45 所示。

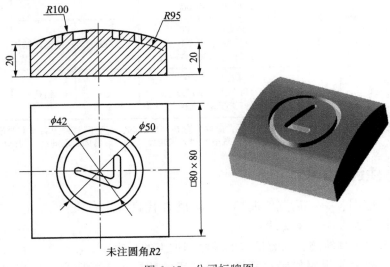

图 6.45   公司标牌图

6.3.2 公司标牌设计及加工步骤

公司标牌的加工步骤如表 6.2 所示。

表 6.2   公司标牌的加工步骤

步　骤	操作内容	加工结果图例	主要设计及加工方法
1	加工造型		拉伸增料 曲线绘制
2	零件上表面加工		参数线加工 （曲面区域加工）
3	圆及文字加工		投影加工

6.3.3　参数线加工

参数线加工是沿曲面的参数线方向产生刀具轨迹的方法，是曲面精加工方法。可以对单个或多个曲面进行加工，生成多个按曲面参数线行进的刀具轨迹。加工对象为实体造型的曲面和曲面造型的零件。

所用命令"应用"→"轨迹生成"→"参数线加工"。

"参数线加工参数表"对话框共四个选项卡，如图 6.46 所示。其中切削用量、进退刀方式和铣刀参数中的参数含义可参照 6.2.2 节。

图 6.46　"参数线加工参数表"对话框

（1）限制面：限制加工曲面范围的边界面，作用类似于加工边界，通过定义第一和第二系列限制面可以将加工轨迹限制在一定的加工区域内。

- 第一系列限制曲面：定义是否使用第一系列限制面。
- 第二系列限制曲面：定义是否使用第二系列限制面。

（2）干涉面：刀具在切削的过程中，切削到了不该切削的表面，该表面被称为干涉面。

- 干涉检查：定义是否自动进行干涉检查，防止过切。干涉检查也可以在设计参数线加工的过程中由用户指定干涉面。
- 否：不使用干涉检查。
- 是：使用干涉检查。
- 干涉（限制）余量：处理干涉面或限制面时采用的加工余量。

干涉面如图 6.47 所示。

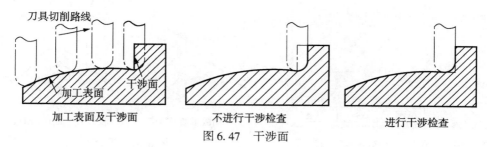

图 6.47　干涉面

6.3.4 曲面区域加工

曲面区域加工是以曲面为加工范围的曲面加工方法，是曲面精加工方法。加工对象为实体造型上的曲面和曲面造型的零件。

所用命令："应用" → "轨迹生成" → "曲面区域加工"。

"曲面区域加工参数表"对话框共四个选项卡，如图 6.48 所示。其中各参数的设置均在前面章节中介绍过，可参照 6.2.2 节和 6.3.3 节内容。

曲面区域加工参数中的轮廓和岛可以是封闭的平面图形或空间曲线，如图 6.49 所示。

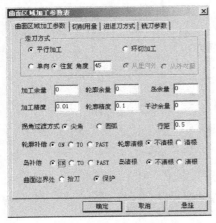

图 6.48   "曲面区域加工参数表"对话框

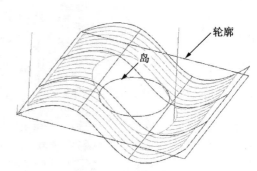

图 6.49   曲面区域加工

6.3.5 投影加工

投影加工是将已生成的刀具轨迹投影到某个曲面，从而在该曲面上生成刀具轨迹的方法。

所用命令："应用" → "轨迹生成" → "投影加工"。

"投影加工参数表"对话框共四个选项卡，如图 6.50 所示。其中各参数的设置均在前面章节中介绍过，可参照 6.2.2 节和 6.3.3 节内容。

应用投影加工，适合将较容易生成的平面加工轨迹，投影到较难实现加工轨迹的曲面上，如图 6.51 所示。

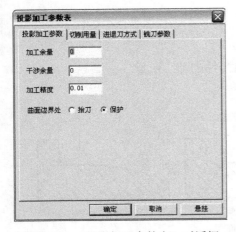

图 6.50   "投影加工参数表"对话框

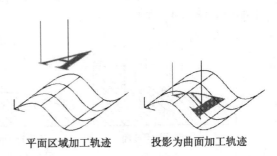

平面区域加工轨迹   投影为曲面加工轨迹

图 6.51   投影加工

6.3.6 公司标牌加工造型

根据公司标牌的零件形状结构，采用参数线加工（曲面区域加工）、投影加工完成。上曲面加工造型实体或曲面，圆和"L"文字用线框绘制，注意非草图线，圆的半径为 23mm，"L"文字图纸上无尺寸，根据结构形状画出中线图形，如图 6.52 所示。

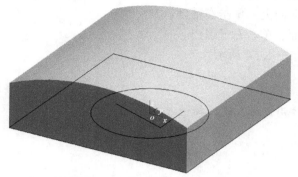

图 6.52　公司标牌加工造型

6.3.7 公司标牌上曲面加工方法 1——参数线加工

公司标牌上面是曲面，曲面精加工应选择球头铣刀。本加工选用 $\phi 10$ 的球头铣刀。

1. 设置参数线加工参数

单击"应用"→"轨迹生成"→"参数线加工"，在"参数线加工参数表"中设置参数，参数值如图 6.53 所示。

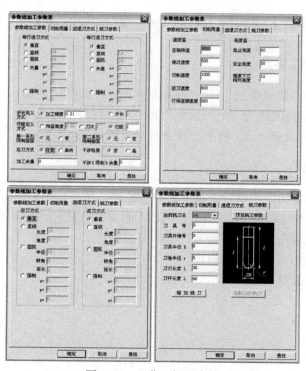

图 6.53　上曲面加工参数

2. 生成刀具轨迹

（1）用鼠标左键单击上表面，再单击右键，退出加工表面的选择。

（2）拾取进刀点，右键单击曲面角。

（3）根据提示确定加工方向，单击右键确认。

（4）确定曲面方向向上，单击右键确认。

（5）拾取干涉曲面，单击右键退出。

刀具轨迹形成，如图 6.54 所示。

🐝 注意

参数线加工一定要用鼠标左键选择进刀点。

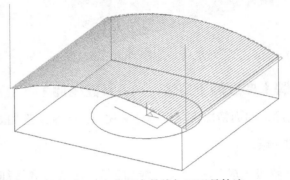

图 6.54　上曲面参数线加工刀具轨迹

6.3.8　公司标牌上曲面加工方法 2——曲面区域加工

1. 设置参数线加工参数

单击"应用"→"轨迹生成"→"曲面区域加工"，在"曲面区域加工参数表"中设置参数，注意在"轮廓补偿"选项上选择"ON"或"PAST"，以保证曲面边缘加工的完整性，不留毛刺。参数值如图 6.55 所示。其余各项设置同图 6.53。

2. 生成刀具轨迹

（1）用鼠标左键单击上表面，选择的是整个实体，再单击右键，退出加工表面的选择。

（2）拾取轮廓，左键单击下面矩形。（在加工造型中应用非草图线画出 80×80 的距形）。

（3）拾取岛，该表面无不加工部分，则单击右键。

（3）拾取干涉曲面，单击右键退出。

刀具轨迹形成，如图 6.56 所示。

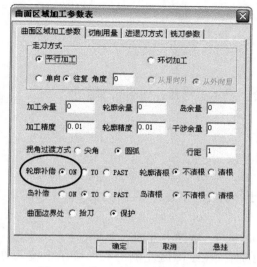

图 6.55　曲面区域加工参数选项卡

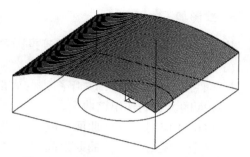

图 6.56　上曲面曲面区域加工刀具轨迹

6.3.9　公司标牌文字图案加工——投影加工

公司标牌的文字图案，由圆和"L"字组成，图案为宽 4mm 的凹槽，选择 ϕ4 的端铣刀。

首先应用平面轮廓加工的方法在底面生成刀具轨迹，再将该轨迹应用投影加工的方法，投影到上曲面上。

1. 平面轮廓加工

单击"应用"→"轨迹生成"→"平面轮廓加工"，在参数表中设置参数。

🐝 注意

（1）顶层高度和底层高度设置为"0"，表示刀具在"Z=0"的高度建立轨迹。

（2）轮廓补偿选择"ON"形式，以保证加工轮廓线在刀截面的中心处。

文字图案参数设置 1 如图 6.57 所示。

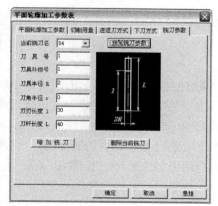

图 6.57　文字图案参数设置 1

2. 生成平面轮廓加工的刀具轨迹

（1）鼠标左键拾取圆和"L"。

（2）拾取进刀点和退刀点，单击鼠标右键。

形成刀具轨迹。由于刀具轨迹与轮廓线重合，显示不明显，如图 6.58 所示。

3. 投影加工

将前面生成的平面轮廓加工轨迹投影到曲面上。

（1）曲面准备

从零件图中可以看出，文字图案的底部位于平行于上曲面，且距离为 5mm 的曲面上，应用等距面的方法制作出该曲面。

- 单击"应用"→"曲面生成"→"实体表面"，选择上曲面。
- 单击"应用"→"曲面生成"→"等距面"，在绘图区左侧的立即菜单中输入等距距离 5。
- 拾取曲面，鼠标左键单击刚制作好的曲面。
- 选择等距方向，选择下箭头方向。

形成两张平行曲面，删除上曲面，结果如图 6.59 所示。

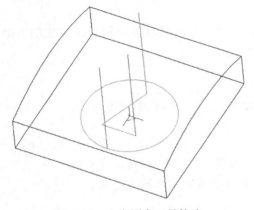
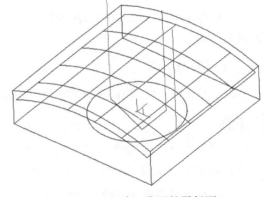

图 6.58　文字图案刀具轨迹　　　　　图 6.59　创建上曲面的平行面

（2）轨迹投影

- 单击"应用"→"轨迹生成"→"投影加工"，文字图案参数设置 2 如图 6.60 所示。
- 选择轨迹线，鼠标左键单击圆的加工轨迹。
- 拾取加工曲面，鼠标左键单击平行面曲面，单击右键结束选择。
- 拾取干涉曲面，单击右键结束选择。

圆的加工轨迹已投影到平行曲面上。应用同样的方法投影"L"，完成投影加工任务，删除底面上的两个加工轨迹，如图 6.61 所示。

🐝 注意

投影加工一次只能选择一个加工轨迹进行投影。

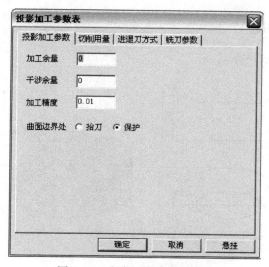

图 6.60　文字图案参数设置 2

4. 轨迹仿真

可创建合适的毛坯对角点，将隐藏的刀具轨迹显示。

单击"应用"→"轨迹仿真"，依次拾取已生成的刀具轨迹，再选择毛坯对角点，进行曲面及文字图案的轨迹仿真，其结果如图 6.62 所示。

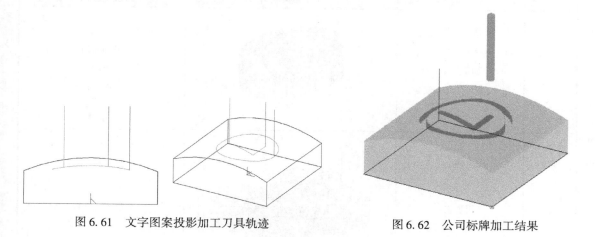

图 6.61　文字图案投影加工刀具轨迹　　　　　　图 6.62　公司标牌加工结果

6.4　瓶盖加工

瓶盖零件是常见凸模形式。其零件的整体轮廓为椭圆柱体，由侧面、曲面顶面等平面组成。应用等高粗加工方法进行零件的粗加工，曲面加工应用导动线加工方法，平面加工应用平面区域加工方法。

6.4.1　瓶盖零件图

瓶盖零件图如图 6.63 所示。

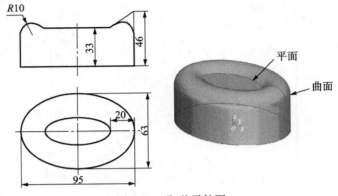

图 6.63　瓶盖零件图

6.4.2　瓶盖设计及加工步骤

瓶盖加工步骤如表 6.3 所示。

表 6.3　瓶盖加工步骤

步　骤	操作内容	加工结果图例	主要设计及加工方法
1	加工造型		导动曲面 平面 曲线
2	粗加工		等高粗加工
3	精加工方法1		导动加工 平面区域加工

续表

步 骤	操作内容	加工结果图例	主要设计及加工方法
4	精加工方法2	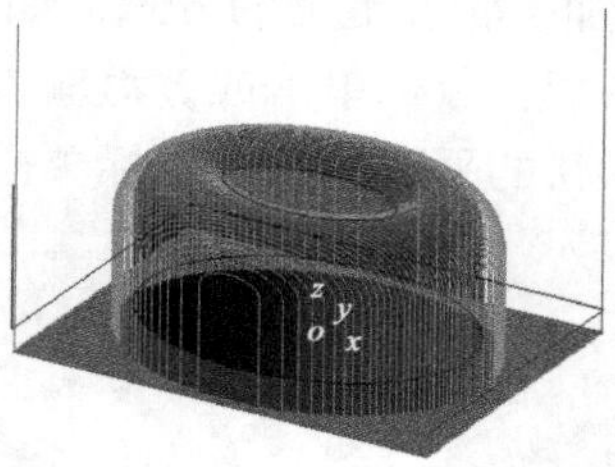	自动区域加工
5	精加工方法3	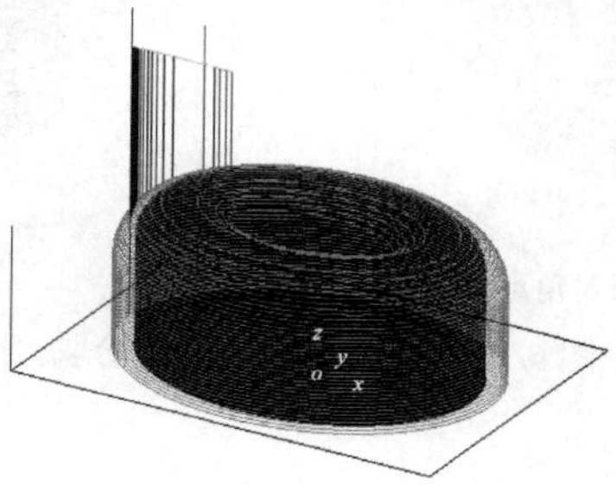	等高精加工

6.4.3 等高粗加工

等高粗加工是生成大量去除毛坯材料的一种粗加工方法。按照设置的高度，层层加工去除毛坯。加工对象为实体造型和曲面造型的零件。

所用命令："应用"→"轨迹生成"→"等高粗加工"。

"粗加工参数表"对话框如图 6.64 所示。该对话框有六个选项卡。其中后五个选项卡参数与平面轮廓加工、平面区域加工相同，请参考 6.2.2 节相应部分的内容。

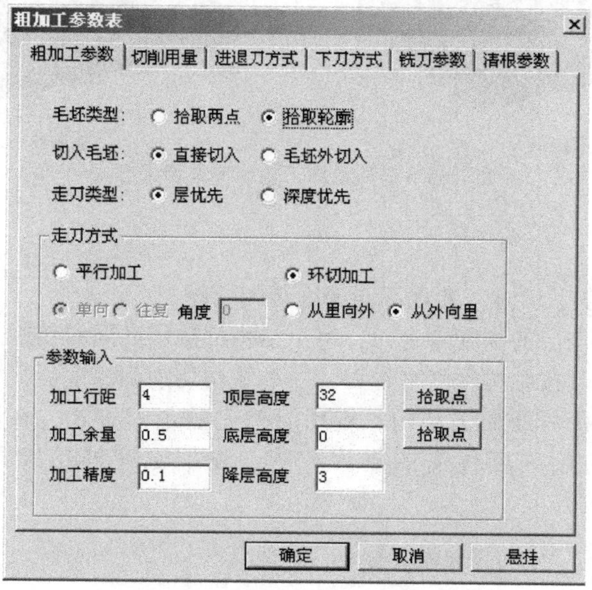

图 6.64 "粗加工参数表"对话框

1. 毛坯类型

毛坯类型指等高粗加工识别加工轮廓范围的方式，如图 6.65 所示。

- 拾取两点：轮廓为矩形轮廓，鼠标单击或键盘输入矩形的对角点。
- 拾取轮廓：轮廓为任意形状的平面图形。鼠标单击存在的封闭轮廓线。

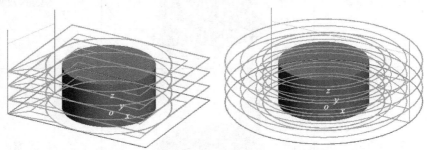

拾取两点：矩形对角点　　　　　　　　　　拾取轮廓：圆

图 6.65　等高粗加工轮廓拾取方式

2. 切入毛坯

切入毛坯指切削时下刀的方式，如图 6.66 所示。

- 直接切入：刀具从零件上方切入零件。
- 毛坯外切入：刀具从零件外侧横向切入零件。

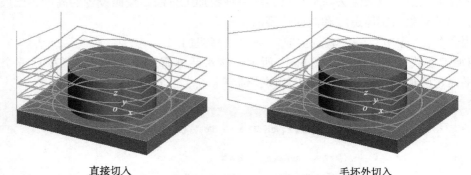

直接切入　　　　　　　　　　　　　　　毛坯外切入

图 6.66　等高粗加工轮廓毛坯切入方式

3. 走刀类型

走刀类型按层高度下切时，处理不同深度切削顺序。

- 层优先：刀具按层的高度来走刀，每个结构都按层高同时切削。
- 深度优先：刀具按结构深度来走刀，一个结构切削到深度后，再转入下一个结构。

零件有外侧和内孔两处加工结构，应用层优先的走刀方式，在同一个层高度的内孔和外侧同时加工。应用深度优先的走刀方式，先加工完外轮廓再转向加工内孔，如图 6.67 所示。

零件形状   层优先   深度优先

图 6.67   等高粗加工走刀方式

6.4.4 导动加工

导动加工是轮廓线沿截面线平行运动生成刀具轨迹的方法。轮廓线和截面线应在垂直的两个平面内，截面线和轮廓线可以是开放的或封闭的曲线。导动加工所依据的加工造型为曲线，如图 6.68 所示。

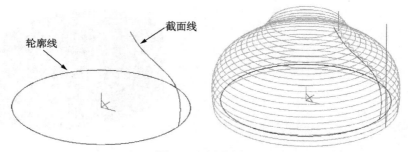

图 6.68   导动加工

所用命令："应用" → "轨迹生成" → "导动加工"。

"导动面加工参数表"对话框如图 6.69 所示。该对话框有三个选项卡。其中后两个选项卡与前面所述加工方法相同，请参考教材相应内容。

- 截距：刀具轨迹上下两层之间的弧长。导动加工的截距如图 6.70 所示。

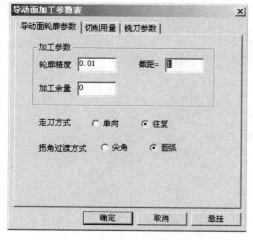

图 6.69   "导动面加工参数表"对话框

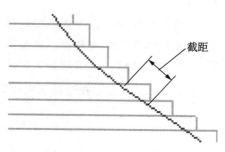

图 6.70   导动加工的截距

6.4.5　瓶盖加工造型

瓶盖的粗加工应用等高粗加工方法，瓶盖的精加工，可以应用的方法有多种，如导动加工、自动区域加工、等高精加工，瓶盖的加工造型可以为线框造型、实体造型或曲面造型。本例瓶盖的加工造型应用曲面造型方法，并应先制作好毛坯的长方体线框和导动加工的曲线。

1. 准备好线框

按零件图的尺寸完成好曲面应用线框，毛坯线框要根据毛坯尺寸制定，本题定为 $110 \times 80 \times 38$ 的长方体形状，如图 6.71 所示。

2. 制作曲面

侧面曲线进行曲线组合，生成导动面。顶面以小椭圆为轮廓生成平面。加工造型完成，如图 6.72 所示。

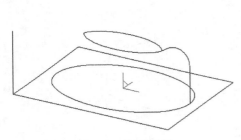

图 6.71　瓶盖线框

图 6.72　瓶盖加工造型

6.4.6　瓶盖粗加工——等高粗加工

粗加工为大量去除毛坯，切削量大，因此应该用端刀加工较为合理。本零件采用 $\phi 16$ 端刀进行等高粗加工。

操作步骤：

（1）单击"应用"→"轨迹生成"→"等高粗加工"。

（2）系统弹出"粗加工参数表"对话框，设置加工参数，如图 6.73 所示。

🐝 注意

① 采用毛坯外切入，避免铣刀底部受力过大。

② 为了保证底部深度尺寸，底层高度设置为" -0.5 "。

③ 粗加工不清根，以缩短加工时间。

进退刀方式和下刀方式选项卡采用默认垂直方式。

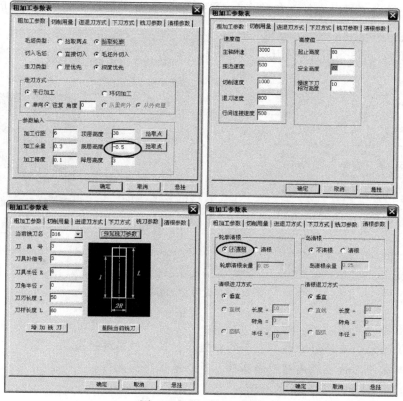

图 6.73 设置加工参数

（3）拾取轮廓，用鼠标左键单击底部矩形轮廓，并确定链搜索方向。

（4）拾取加工曲面，用鼠标左键单击曲面和平面，再单击鼠标右键，生成刀具轨迹，如图 6.74 所示。

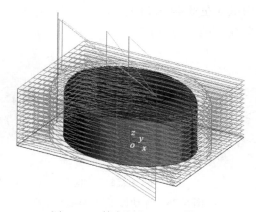

图 6.74 等高粗加工刀具轨迹

6.4.7 瓶盖侧面精加工方法 1——导动加工

侧面为曲面，曲面加工应选择球头刀。本零件采用 $\phi10$ 球头刀进行导动加工。
操作步骤：

（1）单击"应用"→"轨迹生成"→"导动加工"。

（2）系统弹出"导动面加工参数表"对话框，设置加工参数，如图 6.75 所示。

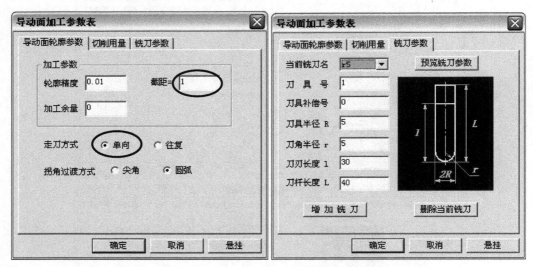

图 6.75　设置加工参数

🐝 注意

① 截距值的大小直接影响加工表面的粗糙度，设定值不要过大。

② 因为本零件的轨迹线是封闭的环状，所以采用单向走刀。

切削用量选项卡的参数同 6.4.6 节。

（3）拾取轮廓和加工方向，用鼠标左键单击底部椭圆轮廓，并单击逆时针箭头为加工方向，如图 6.76（a）所示。

（4）拾取截面线，用鼠标左键单击曲线，箭头方向向下，单击鼠标右键，如图 6.76（b）所示。

（5）拾取加工侧边，用鼠标左键单击外侧。

导动加工轨迹完成，如图 6.76（c）所示。

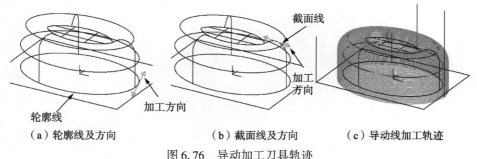

（a）轮廓线及方向　　　　（b）截面线及方向　　　　（c）导动线加工轨迹

图 6.76　导动加工刀具轨迹

（6）瓶盖顶面精加工——平面区域加工

瓶盖的顶面有一椭圆形平面，应用平面轮廓的加工方法加工。选择 φ10 的端刀。其加工参数可将顶层高度和底层高度设置为"33"，行距为"5"，余量为"0"。其刀具轨迹如图 6.77 所示。

（7）轨迹仿真

单击"应用"→"轨迹仿真"，按照加工顺序，等高粗加工→导动加工→平面区域加工，拾取刀具轨迹，拾取毛坯的对角点，进行仿真，其结果如图 6.78 所示。

图 6.77 平面区域加工刀具轨迹

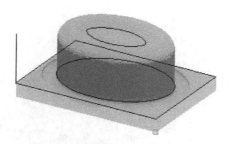

图 6.78 瓶盖刀具轨迹仿真结果

6.4.8 瓶盖精加工方法 2——自动区域加工

自动区域加工是按零件的形状，在其表面上形成刀具轨迹，是精加工的加工方法。所依据的加工造型为曲面造型和实体造型。

曲面精加工，选择 ϕ10 球头刀。

1. 补偿加工造型

为了生成完整的刀具轨迹，补充底平面。

（1）首先将已有矩形向下移动 6mm，以让出刀具半径值，保证椭圆柱面的完整加工。

（2）单击"边界面"→"四边面"→"选择矩形"，瓶盖加工造型如图 6.79 所示。

2. 操作步骤

（1）单击"应用"→"轨迹生成"→"自动区域加工"。

（2）系统弹出"曲面区域加工参数表"对话框，如图 6.80 所示，设置加工参数。

图 6.79 瓶盖加工造型

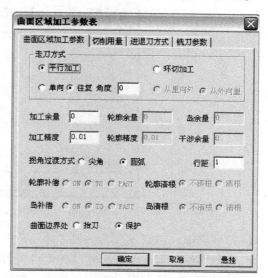

图 6.80 "曲面区域加工参数表"对话框

（3）拾取加工曲面，拾取所有曲面，单击右键结束选取。生成刀具轨迹，如图 6.81 所示。

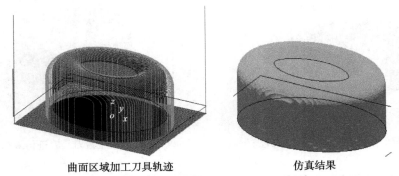

曲面区域加工刀具轨迹   仿真结果

图 6.81   曲面区域加工具轨迹及仿真结果

6.4.9   瓶盖精加工方法 3——等高精加工

等高精加工是按零件的形状，按所设层高值，环绕其零件表面而形成刀具轨迹，是精加工的加工方法。所依据的加工造型为曲面造型和实体造型。

曲面精加工选择 $\phi10$ 球头刀。加工造型同导动加工造型。

操作步骤：

（1）单击"应用"→"轨迹生成"→"等高精加工"。

（2）系统弹出"等高线加工参数表"对话框，如图 6.82 所示，设置加工参数。

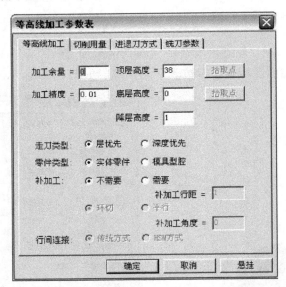

图 6.82   "等高线加工参数表"对话框

① 零件类型：识别零件为一般零件还是凹模零件，从而设置相应的刀具轨迹。

- 实体零件：零件上所有的结构都设置刀具轨迹。
- 模具型腔：按凹模设置刀具轨迹，如图 6.83 所示。

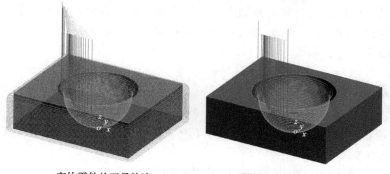

实体零件的刀具轨迹　　　　　模具型腔的刀具轨迹

图 6.83　等高精加工刀具轨迹

② 补加工：刀具轨迹是按所设的层高（z 轴方向）来布置的，对较平坦的区域刀具轨迹较少，从而影响加工质量。可以用补加工的方法，按设置行距（xy 方向）的方法来补充刀具轨迹。

- 不需要：不设置补加工功能。
- 需要：按补加工行距补充刀具轨迹，如图 6.84 所示。

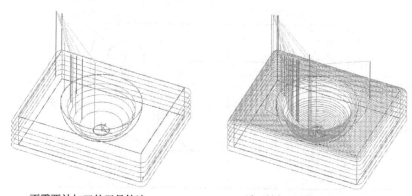

不需要补加工的刀具轨迹　　　　需要补加工行距1的刀具轨迹

图 6.84　等高精加工的补加工

（3）拾取加工曲面，拾取所有曲面，单击右键结束选取，生成刀具轨迹。修改刀具轨迹，单击"应用"→"轨迹编辑"→"参数修改"，单击刀具轨迹，在出现的对话框中将参数表中"补加工"项选择"需要"，"补加工行距"改为"0.5"，仿真效果零件切削正常，如图 6.85 所示。

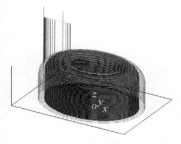

等高精加工刀具轨迹　　　　　仿真结果有残留　　　　　等高精加工应用补加工参数后的仿真结果

图 6.85　等高精加工

无论是自动区域加工还是等高精加工，应用于瓶盖加工都会存在加工缺陷，由于球头刀的球头半径的存在，使顶面小椭圆的边界未切削到位，解决的办法是应用端刀进行平面轮廓加工，使小椭圆平面边界倒锐。

6.5　上机实战

（1）定位座零件如下图所示。毛坯尺寸 $170 \times 110 \times 25$。按提示的加工方法生成刀具轨迹。零件加工方法如下：

① 应用平面轮廓加工，完成 158×96 的底板加工。

② 平面区域加工完成 12 顶面和 52×52 凸台加工。

③ 钻孔加工完成 $\phi 20$ 通孔。

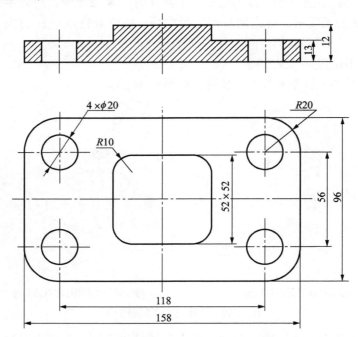

（2）鼠标上壳零件如下图所示。毛坯尺寸 $100 \times 70 \times 50$。

① 思考多种加工方法来实现鼠标加工。

② 参照下面的加工工艺表，再填写一套鼠标加工工艺单。

③ 按工艺表中的一种方式生成刀具轨迹。

④ 生成加工工艺单。

⑤ 生成程序代码。

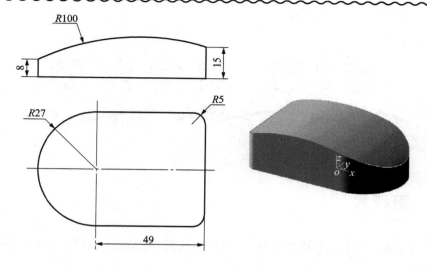

鼠标上壳加工工艺单 1

加工步骤	加工方法	刀 具
1. 粗加工	等高粗加工	φ20 端刀
2. 轮廓精加工	平面轮廓加工	φ20 端刀
3. 曲面精加工	参数线加工	φ10 球头刀

鼠标上壳加工工艺单 2（自己填写）

加工步骤	加工方法	刀 具

第7章 综合实例

7.1 接线盒

本节将要学习一个较为复杂的物体——接线盒的加工方法，如图 7.1 所示为接线盒的尺寸图及立体图。

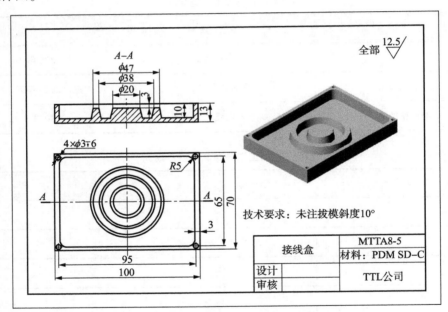

图 7.1 接线盒的尺寸图及立体图

接线盒零件属于平面类零件，零件材料为 PDM SD – C 工业塑料，是 $100 \times 70 \times 13$ 的精毛坯。其加工方法可以采用平面区域加工、平面轮廓加工和钻孔，具体的加工步骤如表 7.1 所示。

表 7.1 接线盒的加工步骤

步　骤	设计内容	设计结果图例	主要设计方法
1	生成加工造型		平面图形画法

步 骤	设计内容	设计结果图例	主要设计方法
2	深 3 凹槽粗加工		平面区域加工
3	深 10 凹槽加工		平面区域加工
4	中间凸台加工		平面区域加工
5	$\phi 47$ 轮廓加工		平面轮廓加工
6	钻孔		钻孔

7.1.1 生成加工造型

接线盒的加工造型可以采用线框造型，即作出和加工有关的图形——俯视图。在非草图状态下，作出如图 7.2 所示的图形。

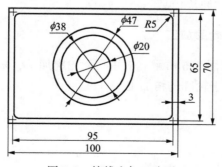

图 7.2 接线盒加工造型

7.1.2 生成刀具轨迹

1. 深 3 凹槽的加工

为提高加工效率，采用 ϕ20 的立铣刀加工，其参数设置如图 7.3 所示。

所用命令："应用" → "轨迹生成" → "平面区域加工"。

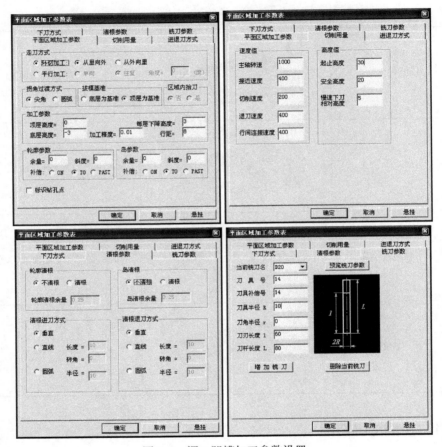

图 7.3 深 3 凹槽加工参数设置

刀具轨迹和仿真结果分别如图 7.4 和图 7.5 所示。

所用命令："应用" → "轨迹仿真"。

2. 深 10 凹槽的加工及轮廓加工

补充一个 ϕ51 的圆，如图 7.6 所示。应用平面轮廓加工，采用 ϕ6 的立铣刀，在参数设置中增加轮廓清根参数，用于轮廓的精加工。

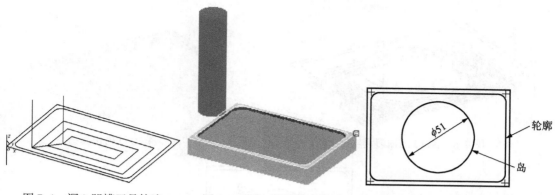

图7.4　深 3 凹槽刀具轨迹　　　图7.5　深 3 凹槽仿真结果　　　图7.6　深 10 凹槽的加工造型

深 10 凹槽加工参数设置如图 7.7 所示。

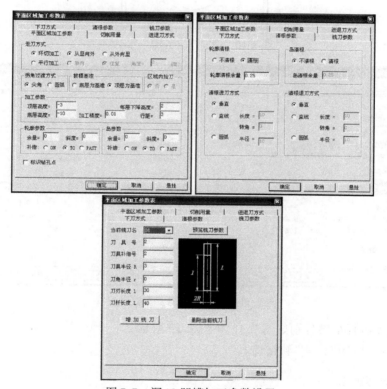

图7.7　深 10 凹槽加工参数设置

所用命令："应用" → "轨迹生成" → "平面区域加工"。

刀具轨迹和仿真结果分别如图 7.8 和图 7.9 所示。

所用命令："应用" → "轨迹仿真"。

3. 中间凸台加工

中间凸台的加工造型如图 7.10 所示。

中间凸台的加工采用平面区域加工方法，采用 $\phi6$ 的端铣刀，轮廓和岛都应用 10°的拔模斜度。主要加工参数的设置如图 7.11 所示。

所用命令："应用" → "轨迹生成" → "平面区域加工"。

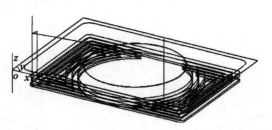

图 7.8　深 10 凹槽刀具轨迹

图 7.9　深 10 凹槽仿真结果

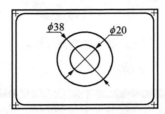

图 7.10　中间凸台的加工造型

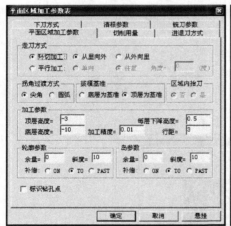

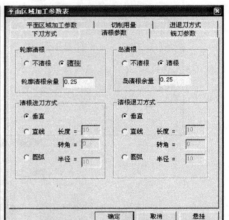

图 7.11　中间凸台加工参数设置

刀具轨迹和仿真结果分别如图 7.12 和图 7.13 所示。

所用命令："应用" → "轨迹仿真"。

4. φ47 轮廓加工

φ47 轮廓的加工造型如图 7.14 所示。

图 7.12　中间凸台刀具轨迹

图 7.13　中间凸台仿真结果

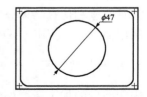

图 7.14　φ47 轮廓的加工造型

φ47 轮廓的加工采用平面轮廓加工方法，采用 φ6 的端铣刀，轮廓和岛都应用 10°的拔模斜度。主要加工参数的设置如图 7.15 所示。

所用命令:"应用"→"轨迹生成"→"平面轮廓加工"。

刀具轨迹和仿真结果分别如图 7.16 和图 7.17 所示。

所用命令:"应用"→"轨迹仿真"。

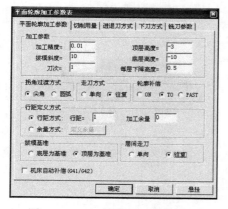

图 7.15 φ47 轮廓加工参数设置

图 7.16 φ47 轮廓刀具轨迹

5. 钻孔

钻孔加工造型如图 7.18 所示。

图 7.17 φ47 轮廓仿真结果

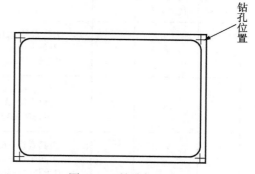

图 7.18 钻孔加工造型

采用钻孔加工方法,应用 φ3 的钻头,考虑到钻头尖部的长度,因此钻孔深度大于孔的有效深度。其主要加工参数的设置如图 7.19 所示。

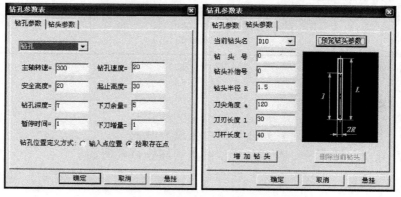

图 7.19 钻孔加工参数设置

所用命令："应用" → "轨迹生成" → "钻孔"。

刀具轨迹和仿真结果分别如图 7.20 和图 7.21 所示。

所用命令："应用" → "轨迹仿真"。

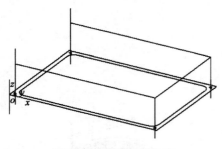 

图 7.20 钻孔刀具轨迹   图 7.21 钻孔仿真结果

7.1.3 生成加工工序单

所用命令："应用" → "后置处理" → "生成工序单"。

按加工顺序拾取刀具轨迹，生成接线盒的加工工序单，如图 7.22 所示。

加工轨迹明细单						
序 号	代码名称	刀具号	刀具参数	切削速度	加工方式	加工时间
1	无	14	刀具直径 = 20.00 刀角半径 = 0.00 刀刃长度 = 60.000	200	平面区域	3 分钟
2	无	2	刀具直径 = 6.00 刀角半径 = 0.00 刀刃长度 = 30.000	200	平面区域	24 分钟
3	无	2	刀具直径 = 6.00 刀角半径 = 0.00 刀刃长度 = 30.000	200	平面区域	40 分钟
4	无	2	刀具直径 = 6.00 刀角半径 = 0.00 刀刃长度 = 30.000	200	平面轮廓	13 分钟
5	无	0	刀具直径 = 3.00 刀角半径 = 120.00 刀刃长度 = 30.000	20	钻孔	8 分钟

图 7.22 接线盒加工工序单

7.1.4 生成加工程序

所用命令："应用" → "后置处理" → "生成 G 代码"。

按加工顺序拾取刀具轨迹，生成加工接线盒的部分 G 代码如下：

％1234

（1. cut,2004. 12. 26 ,10 ;34 :40. 368）

N10G90G54G00Z30. 000

N12S1000M03

N14X29. 000Y29. 000Z30. 000

N16Z20. 000

N18Z2. 000

N20G01Z - 3. 000F400

N22Y41. 000F200

N24X71. 000

N26Y29. 000

N28X29. 000

N30X21. 000Y21. 000

N32Y49. 000

N34X79. 000

N36Y21. 000

N38X21. 000

N40X13. 000Y13. 000

…

7.2　叶轮

本节介绍常见机械零件——叶轮的加工方法，叶轮的设计造型如图 7.23 所示。

图 7.23　叶轮的设计造型

叶轮属于曲面类零件，毛坯为 φ130 的铝棒料，其加工造型为实体造型，加工方法采用等高粗加工、自动区域加工和钻孔。

叶轮的加工步骤如表 7.2 所示。

表 7.2　叶轮的加工步骤

步　骤	设计内容	设计结果图例	主要设计方法
1	生成加工造型		旋转增料、拉伸增料、阵列、旋转除料
2	叶轮粗加工	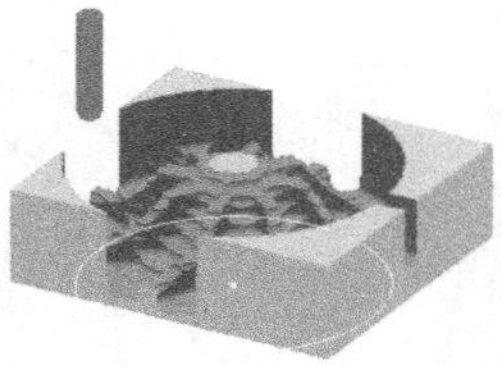	等高粗加工
3	叶轮精加工		自动区域加工
4	轮廓精加工		平面轮廓加工
5	钻孔		钻孔

7.2.1　生成加工造型

叶轮的加工造型为实体造型，在此加工造型中不加工中间孔。加工造型时用到旋转增料、拉伸增料、阵列、旋转除料、过渡等命令，具体的作图步骤如图 7.24 所示。

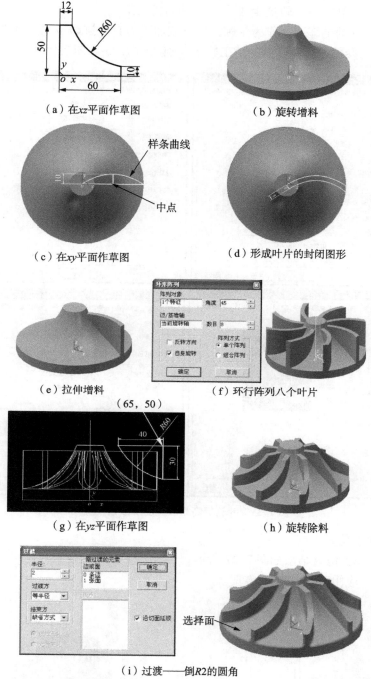

图 7.24 叶轮加工造型的作图步骤

7.2.2 生成刀具轨迹

1. 零件粗加工

（1）采用等高粗加工的加工方法进行零件的粗加工

所用命令："应用"→"轨迹生成"→"等高粗加工"。

补充一个 φ130 的毛坯圆，作为轮廓，供生成加工刀具轨迹时应用。注意，曲面加工选择球头刀。其加工参数设置和生成的加工轨迹分别如图 7.25 和图 7.26 所示。

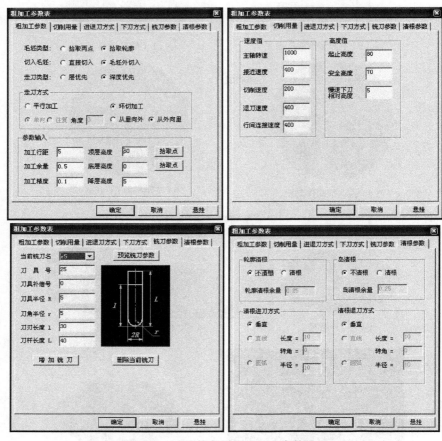

图 7.25　叶轮等高粗加工加工参数设置

（2）刀具轨迹仿真

叶轮等高粗加工仿真结果如图 7.27 所示。

所用命令："应用"→"轨迹仿真"。

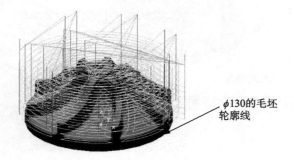

φ130的毛坯轮廓线

图 7.26　叶轮等高粗加工刀具轨迹

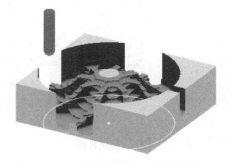

图 7.27　叶轮等高粗加工仿真结果

2. 零件精加工

（1）采用自动区域加工的加工方法进行零件的精加工

所用命令：“应用”→“轨迹生成”→“自动区域加工”。

该加工中，要选择小于 $\phi4$ 的球头刀，以便完成叶轮上圆角部分的加工。其加工参数设置和生成的刀具轨迹分别如图 7.28 和图 7.29 所示。

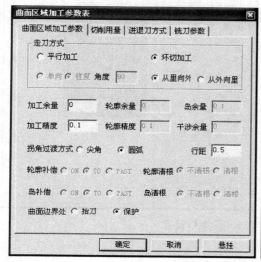 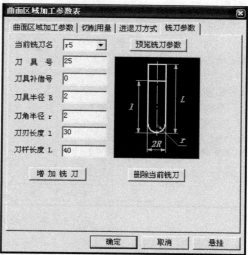

图 7.28 加工参数设置

（2）刀具轨迹仿真

叶轮自动区域加工的仿真结果如图 7.30 所示。

所用命令：“应用”→“轨迹仿真”。

图 7.29 叶轮自动区域加工刀具轨迹　　　　图 7.30 叶轮自动区域加工的仿真结果

3. 零件轮廓精加工

（1）零件轮廓精加工

在上述加工方法实施后，零件外圆轮廓的加工效果不理想，下面补充平面轮廓加工的加工方法进行零件轮廓的精加工。

所用命令："应用"→"轨迹生成"→"平面轮廓加工"。

补充一个 φ120 的圆，作为轮廓，供生成加工刀具轨迹时应用。选择略大一些的端刀，完成叶轮上外圆部分的轮廓加工，加工深度应超过零件底面。其加工参数设置如图 7.31 所示。

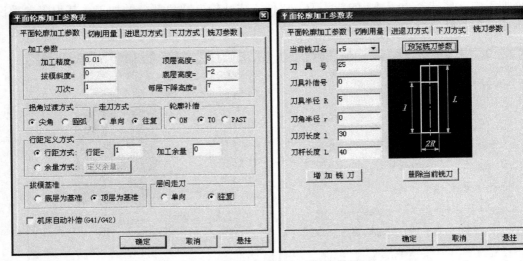

图 7.31　叶轮轮廓精加工的参数设置

（2）刀具轨迹仿真

叶轮轮廓精加工的仿真结果如图 7.32 所示。

所用命令："应用"→"轨迹仿真"。

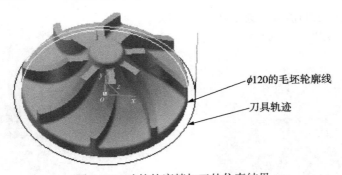

φ120的毛坯轮廓线

刀具轨迹

图 7.32　叶轮轮廓精加工的仿真结果

4. 钻孔

（1）采用钻孔加工的加工方法进行零件中间孔的加工

所用命令："应用"→"轨迹生成"→"钻孔"。

在孔心位置加一个点，以便完成钻孔的加工。该孔的深度应考虑钻头头部的锥角，因此钻孔深度大于孔的实际深度。考虑到是深孔加工，故采用啄式钻孔的加工方法。其加工参数的设置和生成的刀具轨迹分别如图 7.33 和图 7.34 所示。

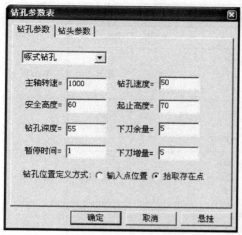 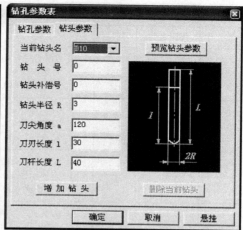

图 7.33　叶轮钻孔加工加工参数设置

（2）刀具轨迹仿真

叶轮钻孔加工的刀具轨迹仿真结果如图 7.35 所示。

所用命令："应用"→"轨迹仿真"。

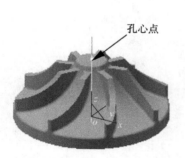 

图 7.34　叶轮钻孔加工的刀具轨迹　　　　图 7.35　叶轮钻孔加工的仿真结果

7.2.3　生成加工工序单

所用命令："应用"→"后置处理"→"生成工序单"。

按加工顺序拾取刀具轨迹，生成叶轮的加工工序单，如图 7.36 所示。

加工轨迹明细单						
序　号	代码名称	刀具号	刀具参数	切削速度	加工方式	加工时间
1	无	25	刀具直径 = 10.00 刀角半径 = 5.00 刀刃长度 = 30.000	200	粗加工	96 分钟
2	无	25	刀具直径 = 4.00 刀角半径 = 2.00 刀刃长度 = 30.000	200	曲面区域	206 分钟
3	无	25	刀具直径 = 10.00 刀角半径 = 0.00 刀刃长度 = 30.000	200	平面轮廓	2 分钟
4	无	0	刀具直径 = 6.00 刀角半径 = 120.00 刀刃长度 = 30.000	200	钻孔	3 分钟

图 7.36　叶轮的加工工序单

7.2.4　生成加工程序

所用命令："应用" → "后置处理" → "生成 G 代码"。

按加工顺序拾取刀具轨迹，生成加工叶轮的部分 G 代码如下：

```
%1234
N10G90G54G00Z80.000
N12S1000M03
N14X74.988Y0.603Z80.000
N16Z70.000
N18Z55.000
N20G01Z50.000F400
N22X60.000Y−0.000F200
N24X59.806Y4.821
N26X59.225Y9.611
N28X58.262Y14.338
N30X56.921Y18.973
N32X55.212Y23.486
N34X53.147Y27.847
N36X50.737Y32.027
N38X48.000Y36.000
N40X45.834Y38.720
N42X43.514Y41.310
N44X41.048Y43.761
N46X38.445Y46.065
…
```

N8862X − 41. 596Y − 17. 156Z14. 460

N8864X − 40. 442Y − 19. 716Z14. 476

N8866Z70. 000F400

N8868G00Z80. 000

N8870M05

N8872M30

7.3　水杯凸模模具

本节介绍水杯凸模模具的加工方法，其零件图和立体图如图 7. 37 所示。

水杯的批量生产一般先加工出模具，根据后续加工工艺的不同，该模具可以是凹模或凸模。水杯凹模或凸模均属于曲面类零件，毛坯为精毛坯，是尺寸为 260 × 120 × 60 的铝料。

7.3.1　水杯凸模零件分析

水杯凸模如图 7. 38 所示。

水杯凸模模具分为杯体、平台和五星图案三部分。

1. 杯体部分与平台

杯体部分与平台的加工造型为实体造型，属于曲面类零件，粗加工采用等高粗加工方法，选择刀底部切削力较大的端铣刀，完成杯体部分的粗加工及平台的精加工，刀具尺寸为 $\phi 10$。精加工采用等高精加工和参数线加工的方法，根据零件曲面大小和内角尺寸，选用 $\phi 10$ 和 $\phi 4$ 的球头铣刀分别加工。

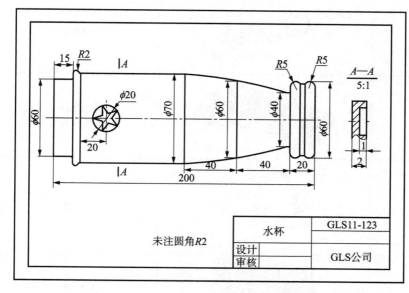

图 7. 37　水杯凸模模具的零件图和立体图

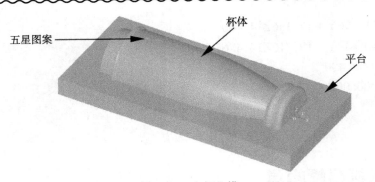

图 7.38　水杯凸模

2. 五星图案部分

五星图案部分的加工造型为线框造型，加工方法采用投影加工方法，选用 $\phi 1$ 的球头铣刀加工。

7.3.2　水杯凸模加工步骤

水杯凸模的加工步骤如表 7.3 所示。

表 7.3　水杯凸模的加工步骤

步　骤	设计内容	设计结果图例	主要设计方法
1	杯体加工造型		旋转增料 拉伸增料
2	杯体粗加工 平台精加工		等高粗加工
3	杯体精加工		等高精加工 参数线加工
4	五星图案 加工造型		曲线
5	五星图案加工		平面区域加工 投影加工

7.3.3 生成杯体部分的加工造型

水杯凸模杯体的加工造型为实体造型,在此加工造型中不制作五星图案。加工造型时用到旋转增料、拉伸增料等命令,具体的作图步骤如图 7.39 所示。

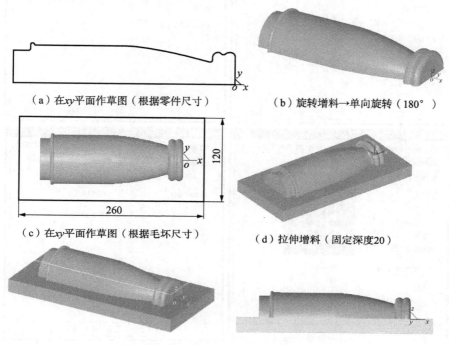

（a）在 xy 平面作草图（根据零件尺寸）　　（b）旋转增料→单向旋转（180°）

（c）在 xy 平面作草图（根据毛坯尺寸）　　（d）拉伸增料（固定深度20）

（e）在非草图状态下作出毛坯轮廓（260×120×60）

图 7.39　水杯凸模杯体的加工造型的作图步骤

7.3.4 生成刀具轨迹

1. 杯体粗加工及平台精加工

杯体部分的粗加工和平台部分的精加工可以在同一个工序下完成,应用等高粗加工的加工方法。

所用命令:“应用”→“轨迹生成”→“等高粗加工”。

生成加工刀具轨迹时选择 260×120 的矩形图线作为轮廓。其加工参数的设置和生成的刀具轨迹分别如图 7.40 和图 7.41 所示。

进行刀具轨迹仿真,所用命令:“应用”→“轨迹仿真”。刀具轨迹仿真结果如图 7.42 所示。

2. 杯体部分精加工

在零件的杯体部分,全部由曲面组成,其中大部分曲面采用等高精加工的方法实现,应用 ϕ10 球头铣刀。杯体部分的四处 $R2$ 曲面的加工,应用 ϕ2 球头铣刀,采用参数线加工的加工方法进行该部分零件的精加工。

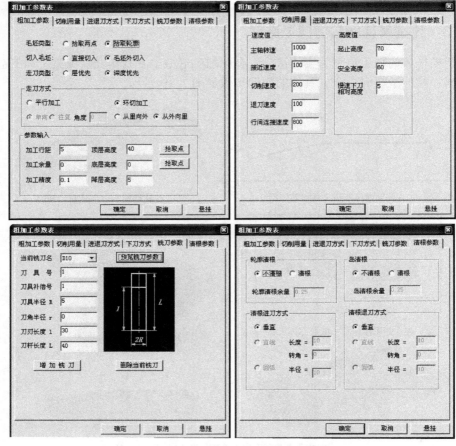

图 7.40   杯体等高粗加工加工参数设置

图 7.41   杯体等高粗加工刀具轨迹

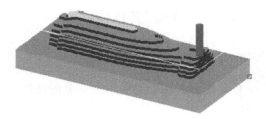

图 7.42   刀具轨迹仿真结果

（1）主体精加工

所用命令："应用"→"轨迹生成"→"等高精加工"。

选择 φ10 的球头刀，以便完成杯体主体部分的加工。其加工参数设置和生成的刀具轨迹分别如图 7.43 和图 7.44 所示。

进行刀具轨迹仿真，所用命令："应用"→"轨迹仿真"。刀具轨迹仿真结果如图 7.45 所示。

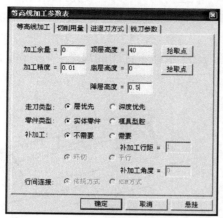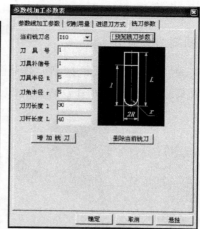

图 7.43　杯体等高精加工加工参数设置

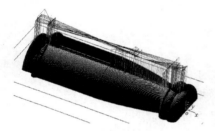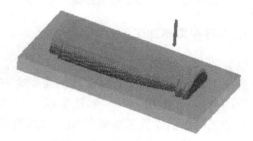

图 7.44　杯体等高精加工刀具轨迹　　　　图 7.45　刀具轨迹仿真结果

（2）R2 曲面精加工

所用命令："应用" → "轨迹生成" → "参数线加工"。

选择 φ2 的球头刀，以便完成杯体主体部分的加工。其加工参数设置和生成的刀具轨迹分别如图 7.46 和图 7.47 所示。

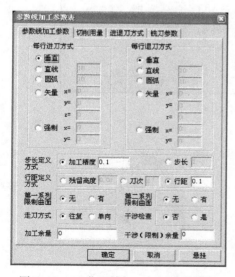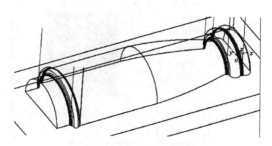

图 7.46　R2 曲面精加工加工参数设置　　　　图 7.47　R2 曲面刀具轨迹

进行刀具轨迹仿真，所用命令："应用"→"轨迹仿真"。刀具轨迹仿真结果如图 7.48 所示。

3. 五星图案加工造型

五星图案的加工造型为线框造型。参照图 7.37 水杯零件图的尺寸，在 xy 平面的非草图状态下，完成其线框造型，如图 7.49 所示。

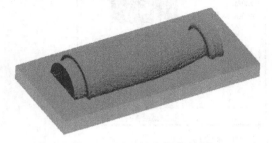

图 7.48　刀具轨迹仿真结果

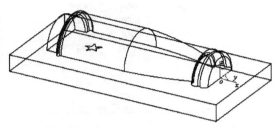

图 7.49　五星图案加工造型

4. 五星图案精加工

（1）平面区域加工

先应用平面区域加工方法生成五星图案内部的加工刀具轨迹。

所用命令："应用"→"轨迹生成"→"平面区域加工"。

其加工参数的设置和生成的加工刀具轨迹如图 7.50 所示。

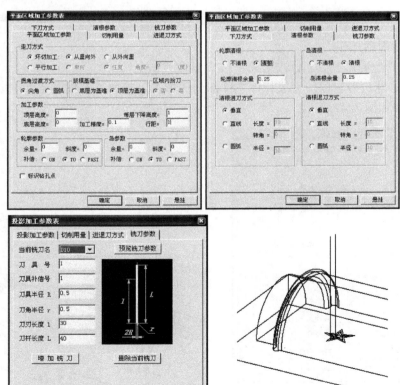

图 7.50　五星图案加工参数设置及加工刀具轨迹

（2）投影加工

从零件图分析可知，五星图案的位置应在杯体的柱状面上，并凹下 1mm。所以，要将平面区域加工的刀具轨迹投影到杯体相应的曲面上，具体步骤如下。

① 将实体柱状面变为曲面 1，如图 7.51（a）所示。所用命令："应用" → "曲面生成" → "实体表面"。

② 作曲面 1 向下的等距面曲面 2，距离为 1mm，如图 7.51（b）所示。所用命令："应用" → "曲面生成" → "等距面"。

③ 将现有的刀具投影到曲面 2 上。所用命令："应用" → "轨迹生成" → "投影加工"。投影加工参数设置、生成的投影加工刀具轨迹以及刀具轨迹仿真结果分别如图 7.51（c）～图 7.51（e）所示。

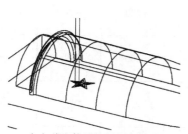

（a）将实体柱状面变为曲面1

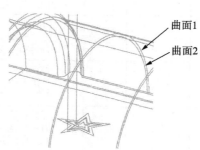

（b）等距曲面2

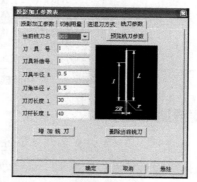

（c）投影加工的加工参数设置

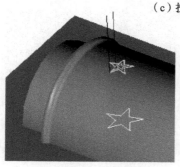

（d）投影加工刀具轨迹

（e）投影轨迹仿真结果

图 7.51　五星图案加工

7.3.5　生成加工工序单

所用命令："应用"→"后置处理"→"生成工序单"。

按加工顺序拾取刀具轨迹，生成水杯凸模的加工工序单，如图 7.52 所示。

加工轨迹明细单						
序　号	代码名称	刀具号	刀具参数	切削速度	加工方式	加工时间
1	无	1	刀具直径 = 10.00 刀角半径 = 0.00 刀刃长度 = 30.000	200	粗加工	242 分钟
2	无	1	刀具直径 = 4.00 刀角半径 = 2.00 刀刃长度 = 30.000	200	等高线	443 分钟
3	无	1	刀具直径 = 2.00 刀角半径 = 1.00 刀刃长度 = 30.000	200	参数线	17 分钟
4	无	1	刀具直径 = 2.00 刀角半径 = 1.00 刀刃长度 = 30.000	200	参数线	13 分钟
5	无	1	刀具直径 = 2.00 刀角半径 = 1.00 刀刃长度 = 30.000	200	参数线	14 分钟
6	无	1	刀具直径 = 2.00 刀角半径 = 1.00 刀刃长度 = 30.000	200	参数线	15 分钟
7	无	1	刀具直径 = 1.00 刀角半径 = 0.50 刀刃长度 = 30.000	200	投影加工	1 分钟

图 7.52　水杯凸模的加工工序单

7.3.6　生成加工程序

所用命令："应用"→"后置处理"→"生成 G 代码"。

按加工顺序拾取刀具轨迹，生成加工水杯凸模的部分 G 代码如下：

```
%2323
(1.cut,2005.1.23,13:25:10.413)
N1G90G54G00Z70.000
N2S1000M03
N3X45.000Y－60.000Z70.000
N4Z60.000
N5Z44.000
N6G01Z39.000F100
N7X30.000F200
N8Y60.000
N9X－230.000
...
```

N22609X－19.065Y25.011
N22610X－19.286Y24.808
N22611X－19.618Y24.469
N22612X－19.828Y24.231
N22613Z60.000F100
N22614G00Z70.000
N22615M05
N22616M30

7.4　水杯凹模模具

本节介绍水杯凹模模具的加工方法。水杯凹模如图 7.53 所示。

图 7.53　水杯凹模

7.4.1　水杯凹模零件分析

水杯凹模模具的加工分为杯体部分和五星图案部分。

1. 杯体部分

杯体部分的加工造型为实体造型，属于曲面类零件，粗加工采用等高粗加工方法，选择 $\phi10$ 的球头铣刀，完成杯体部分的粗加工。精加工采用曲面加工效果较好的参数线加工方法，根据零件曲面大小和内角尺寸，选用 $\phi10$ 和 $\phi2$ 的球头铣刀分别加工。

2. 五星图案部分

因为五星图案的造型为凸起的形状，因此在杯体部分加工时，会对其进行粗加工，再应用曲面区域加工的方法进行精加工。在精加工的过程中，需要补画线框造型，用于生成刀具轨迹，精加工选用 $\phi1$ 的球头铣刀。

7.4.2　水杯凹模加工步骤

水杯凹模的加工步骤如表7.4所示。

表7.4　水杯凹模的加工步骤

步　　骤	设计内容	设计结果图例	主要设计方法
1	杯体加工造型		方法1 旋转曲面、拉伸增料、曲面裁剪除料 方法2 型腔生成、布尔运算
2	杯体粗加工		等高粗加工
3	杯体精加工		参数线加工 曲面轮廓加工
4	五星图案加工造型		曲线
5	五星图案加工		曲面区域加工

7.4.3　生成杯体部分的加工造型

1. 方法1——实体、曲面结合

水杯凹模杯体的加工造型为实体造型，应用实体与曲面结合的方式生成实体，并保留曲面以便后续加工应用。加工造型时用到旋转曲面、拉伸增料、曲面裁剪除料等命令，具体的作图步骤如图7.54所示。

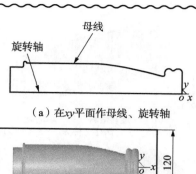

（a）在xy平面作母线、旋转轴

（b）"应用"→"曲面生成"→
"旋转曲面"→"单向旋转"（180°）

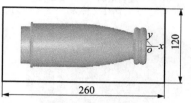

（c）在xy平面作草图（根据毛坯尺寸）

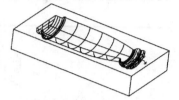

（d）拉伸增料（固定深度60）

（e）"应用"→"曲面生成"→"实体曲面"
（选择杯体上所有表面，曲面裁剪除料）

（f）在xy平面作出五星图案

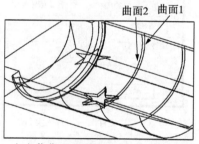

（g）在xy平面作草图、将五星图案投影为
草图线，"拉伸增料"→"位伸到面"（底下曲面1）

（h）作曲面1的等距面曲面2，距离1mm，
用曲面2作曲面裁剪除料，除去五星多余部分

（i）杯体凹模

图7.54　水杯凹模杯体的加工造型

2. 方法2——型腔生成、布尔运算

用型腔生成、布尔运算的方法生成水杯凹模杯体部分的加工造型，具体的作图步骤如图7.55所示。

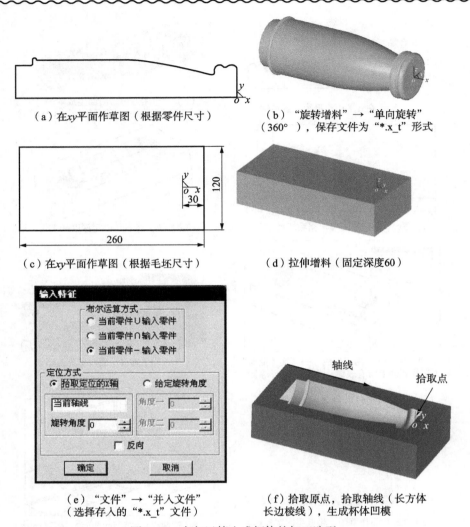

（a）在 *xy* 平面作草图（根据零件尺寸）

（b）"旋转增料" → "单向旋转"
（360°），保存文件为 "*.x_t" 形式

（c）在 *xy* 平面作草图（根据毛坯尺寸）

（d）拉伸增料（固定深度60）

（e）"文件" → "并入文件"
（选择存入的 "*.x_t" 文件）

（f）拾取原点，拾取轴线（长方体
长边棱线），生成杯体凹模

图 7.55　布尔运算生成杯体的加工造型

7.4.4　生成杯体部分的刀具轨迹

1. 粗加工

加工杯体时应用等高粗加工的加工方法。

所用命令："应用" → "轨迹生成" → "等高粗加工"。

生成加工刀具轨迹时选择 260×120 的矩形图线作为轮廓，其加工参数的设置和生成的刀具轨迹分别如图 7.56 和图 7.57 所示。

图 7.56 杯体等高粗加工加工参数设置

进行刀具轨迹仿真，仿真结果如图 7.58 所示。所用命令："应用"→"轨迹仿真"。

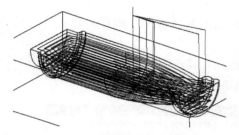

图 7.57 杯体等高粗加工刀具轨迹

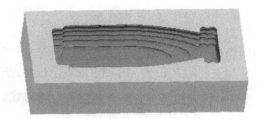

图 7.58 刀具轨迹仿真结果

2. 精加工

在零件的杯体部分，全部由曲面组成，其中大部分曲面采用等高精加工的方法实现，应用 $\phi6$ 球头铣刀。杯体部分的四处 $R2$ 曲面的加工，应用 $\phi1$ 球头铣刀，采用参数线加工的加工方法进行该部分零件的精加工。

（1）主体精加工

所用命令："应用"→"轨迹生成"→"等高精加工"。

选择 $\phi6$ 的球头刀，以便完成杯体主体部分的加工。其加工参数的设置和生成的刀具轨迹分别如图 7.59 和图 7.60 所示。

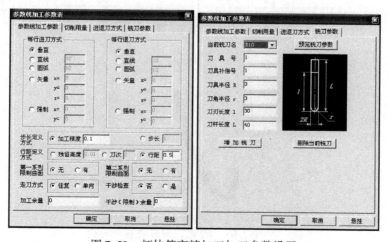

图 7.59 杯体等高精加工加工参数设置

刀具轨迹仿真，刀具轨迹仿真结果如图 7.61 所示。所用命令："应用"→"轨迹仿真"。

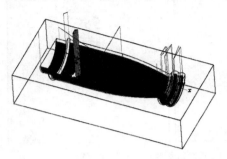

图 7.60　杯体等高精加工刀具轨迹　　　　　　图 7.61　刀具轨迹仿真结果

（2）R2 曲面精加工

在杯体左端存在 R2 内曲面，需要补加工。选择 φ1 的球头刀，应用参数线加工的方法进行加工。

所用命令："应用"→"轨迹生成"→"参数线加工"。

其加工参数的设置和生成的刀具轨迹分别如图 7.62 和图 7.63 所示。

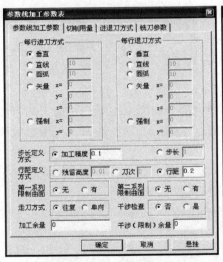

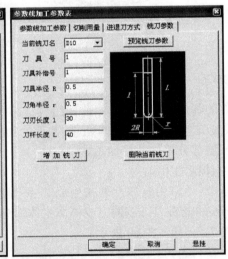

图 7.62　R2 曲面精加工加工参数设置

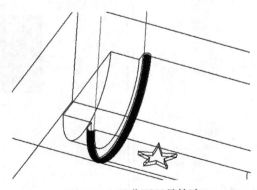

图 7.63　R2 曲面刀具轨迹

（3）杯体左端面精加工

在杯体左端面，用φ1的球头刀进行精加工，加工方法为曲面轮廓加工，补充一条轮廓线。

所用命令："应用" → "轨迹生成" → "曲面轮廓加工"。

其加工参数的设置和生成的刀具轨迹分别如图7.64和图7.65所示。

进行刀具轨迹仿真，仿真结果如图7.66所示。

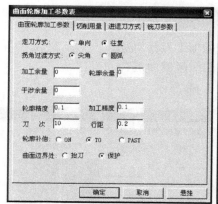
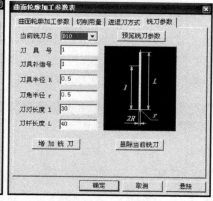

图7.64 端面精加工加工参数设置

图7.65 端面刀具轨迹

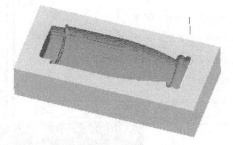

图7.66 端面刀具轨迹仿真结果

7.4.5 五星图案加工造型

五星图案的加工造型为线框造型，需要补充轮廓线、曲面1、曲面2。根据零件图尺寸，在 xy 平面的非草图状态下，完成其线框造型，如图7.67所示。

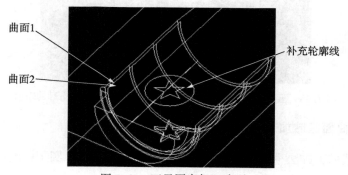

图7.67 五星图案加工造型

7.4.6　五星图案精加工

五星图案是在曲面 1 上凸起，顶面在曲面 2 上。加工方法如下：先用曲面区域加工的方法加工五星图案部分的曲面 2，以补充的轮廓线作为加工时的轮廓；再用曲面区域加工的方法加工五星图案部分的曲面 1，以补充的轮廓线作为加工时的轮廓，五星图案为岛。加工中全部采用 $\phi1$ 的球头铣刀。

1. 曲面 1 的曲面区域加工

应用曲面区域加工方法生成五星图案部分的加工刀具轨迹。

所用命令："应用"→"轨迹生成"→"曲面区域加工"。

其加工参数的设置和生成的刀具轨迹如图 7.68 所示。

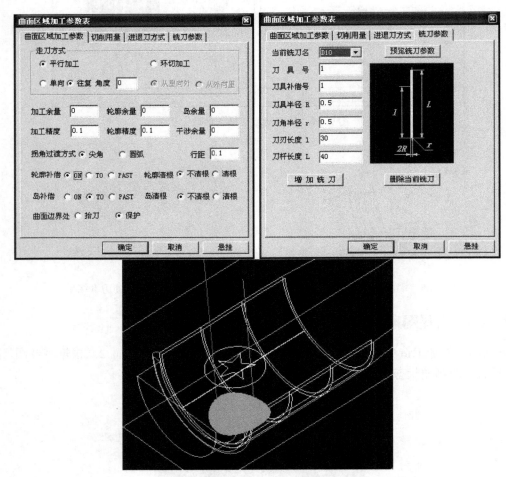

图 7.68　五星图案上曲面（曲面 1）加工参数设置及刀具轨迹

2. 曲面 2 的曲面区域加工

应用曲面区域加工方法生成五星图案部分的加工刀具轨迹，圆形图线为轮廓，五星图案为岛。

所用命令："应用"→"轨迹生成"→"曲面区域加工"。

其加工参数的设置和生成的刀具轨迹如图 7.69 所示，仿真结果如图 7.70 所示。

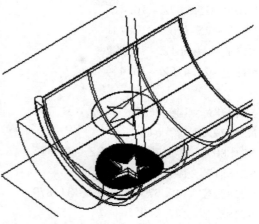

图 7.69　五星图案下曲面（曲面 2）加工参数设置及刀具轨迹

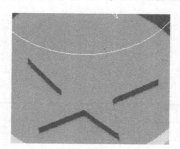

图 7.70　五星图案部分刀具轨迹仿真结果

7.4.7　生成加工工序单

所用命令："应用"→"后置处理"→"生成工序单"。

按加工顺序拾取刀具轨迹，生成水杯凹模的加工工序单，如图 7.71 所示。

7.4.8　生成加工程序

所用命令："应用"→"后置处理"→"生成 G 代码"。

按加工顺序拾取刀具轨迹，生成加工水杯凹模的部分 G 代码如下：

```
％3456
（1. cut,2005. 1. 25,9:52:13. 843）
N1G90G54G00Z70. 000
N2S3000M03
N3X－200. 000Y－27. 000Z70. 000
N4Z60. 000
N5Z2. 000
N6G01Z－3. 000F400
N7Y－26. 929Z－4. 961F400
```

N8Y－26.694Z－7.052

N9Y－26.263Z－9.266

N10Y－25.962Z－10.415

N11Y－25.166Z－12.781

N12Y－24.661Z－13.992

N13Y－23.415Z－16.444

…

N21878X－149.868Y8.778Z－31.751

N21879X－172.643

N21880X－172.794Y8.578Z－31.815

N21881X－149.716

N21882X－149.570Y8.378Z－31.879

N21883X－172.940

N21884X－173.081Y8.178Z－31.943

N21885Z60.000F400

N21886G00Z70.000

N21887M05

N21888M30

加工轨迹明细单						
序　号	代码名称	刀具号	刀具参数	切削速度	加工方式	加工时间
1	无	1	刀具直径＝10.00 刀角半径＝5.00 刀刃长度＝30.000	400	粗加工	35 分钟
2	无	2	刀具直径＝6.00 刀角半径＝3.00 刀刃长度＝30.000	400	参数线	101 分钟
3	无	3	刀具直径＝1.00 刀角半径＝0.50 刀刃长度＝30.000	400	参数线	9 分钟
4	无	4	刀具直径＝1.00 刀角半径＝0.50 刀刃长度＝30.000	400	曲面区域	3 分钟
5	无	5	刀具直径＝1.00 刀角半径＝0.50 刀刃长度＝30.000	400	曲面区域	7 分钟
6	无	6	刀具直径＝1.00 刀角半径＝0.50 刀刃长度＝30.000	400	曲面区域	9 分钟

图 7.71　水杯凹模的加工工序单

7.5 上机实战

（1）底座零件如下图。要求完成底座零件凹模型腔的加工。

① 完成零件形状结构造型。（注意造型时最好使零件凸起向下，使型腔加工面向上。以保证能够进行刀具仿真操作。）

② 选择合适的分型面，生成凹模型腔造型。

③ 思考并选择加工方法（要求刀具和加工参数选择设置合理）。

④ 生成刀具轨迹。

⑤ 生成加工工序单。

⑥ 生成加工程序代码。

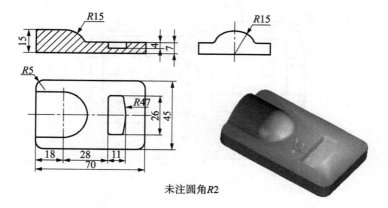

未注圆角 R2

（2）手机壳零件如下图，手机壳的正面和反面都需要加工。

① 根据零件形状结构，选择加工方法。（要求刀具和加工参数选择设置合理）

② 分别生成正面和反面的刀具轨迹。

③ 分别生成正面和反面的工序单。

④ 生成正面的加工程序代码。

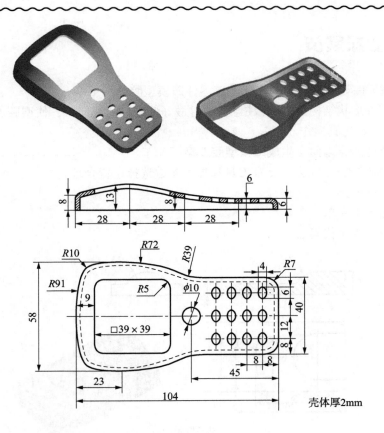

壳体厚2mm

附录 A CAXA 制造工程师 XP 命令汇总表

表1 曲线绘制命令汇总表

命令	功能	图例	注意事项
直线	两点线 　　按给定两点画一条直线段，或按给定的连续条件画连续的直线段		非正交：可以画任意方向的直线，包括正交的直线 　　正交：指所画直线与坐标轴平行 　　点方式：指定两点来画出正交直线 　　长度方式：指定长度和点来画出正交直线
	平行线 　　按给定距离绘制与已知线段平行且长度相等的单向或双向平行线段		过点：指过一点做已知直线的平行线 　　距离：两平行线之间的距离 　　条数：可以同时做出的多条平行线的数目
	角度线 　　生成与坐标轴或某条直线成一定夹角的直线		与 x 轴夹角：直线从起点与 x 轴正方向之间的夹角 　　与 y 轴夹角：直线从起点与 y 轴正方向之间的夹角 　　与直线夹角：直线从起点与已知直线之间的夹角
	角等分线 　　按给定等分份数、给定长度画一条直线段将一个角等分		
	水平/铅垂线 　　生成平行或垂直于当前平面坐标轴的给定长度的线段		
圆弧	三点圆弧 　　过三点画圆弧，其中第一点为起点，第三点为终点，第二点决定圆弧的位置和方向	三点圆弧	正确选择工具点
	两点_半径 　　已知两点及圆弧半径画圆弧		正确选择工具点

命　令	功　能	图　例	注　意　事　项
圆	圆心_半径 已知圆心和半径 画圆		应根据图形的已知条件选择画圆的方式
	三点 过已知三点画圆		应根据图形的已知条件选择画圆的方式
	两点_半径 已知圆上两点和半径画圆		应根据图形的已知条件选择画圆的方式
矩形	两点矩形 给定对角线上两点绘制矩形	点1　点2	给出起点和终点，矩形生成
	中心_长_宽 给定长度和宽度的尺寸值来绘制矩形		给出矩形中心，矩形生成
多边形	中心 以输入点为中心，绘制内切或外接多边形	定位点	应根据图形的已知条件选择画多边形的方式
	边 以输入边长的方式绘制多边形	定位点	应根据图形的已知条件选择画多边形的方式
等距线	等距 按照给定的距离绘制曲线的等距线		给出等距离和方向
	变等距 按照给定的起始和终止距离，绘制沿给定方向距离变化的曲线的变等距线		给出等距方向和距离变化方向（从小到大）
椭圆	按给定参数画一个任意方向的椭圆或椭圆弧		长半轴：是指椭圆的长轴尺寸值 短半轴：是指椭圆的短轴尺寸值 旋转角：是指椭圆的长轴与默认起始基准之间的夹角 起始角：是指画椭圆弧时起始位置与默认起始基准之间的夹角 终止角：是指画椭圆弧时终止位置与默认起始基准之间的夹角

表 2　实体造型命令汇总表

命　令	功　能	图　例	注意事项
拉伸增料	将一个轮廓曲线根据指定的距离做拉伸操作，用以生成一个增加材料的特征。拉伸增料分为实体特征和薄壁特征	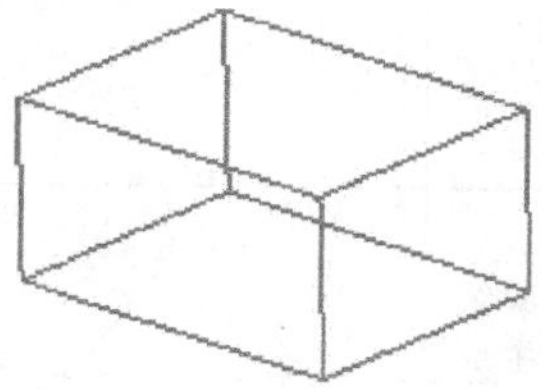	（1）在进行"双面拉伸"时，拔模斜度不可用 （2）在进行"拉伸到面"时，要使草图能够完全投影到这个面上，如果面的范围比草图小，会产生操作失败 （3）在进行"拉伸到面"时，深度和反向拉伸不可用 （4）在进行"拉伸到面"时，可以给定拔模斜度 （5）草图中隐藏的线不能参与特征拉伸 （6）在生成薄壁特征时，草图图形可以封闭，也可以不封闭，但是，不封闭的草图其草图线段必须是连续的
拉伸除料	将一个轮廓曲线根据指定的距离做拉伸操作，用以生成一个减去材料的特征	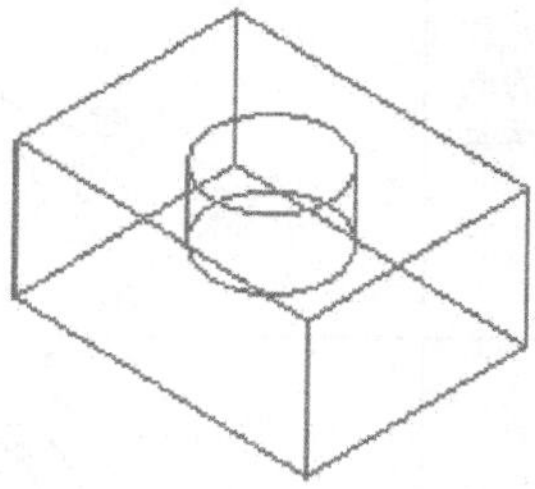	（1）在进行"双面拉伸"时，拔模斜度不可用 （2）在进行"拉伸到面"时，要使草图能够完全投影到这个面上，如果面的范围比草图小，会产生操作失败 （3）在进行"拉伸到面"时，深度和反向拉伸不可用 （4）在进行"贯穿"时，深度、反向拉伸和拔模斜度不可用 （5）在生成薄壁特征时，草图图形可以封闭，也可以不封闭，但是，不封闭的草图其草图线段必须是连续的
旋转增料	通过围绕一条空间直线旋转一个或多个封闭轮廓，增加生成一个特征	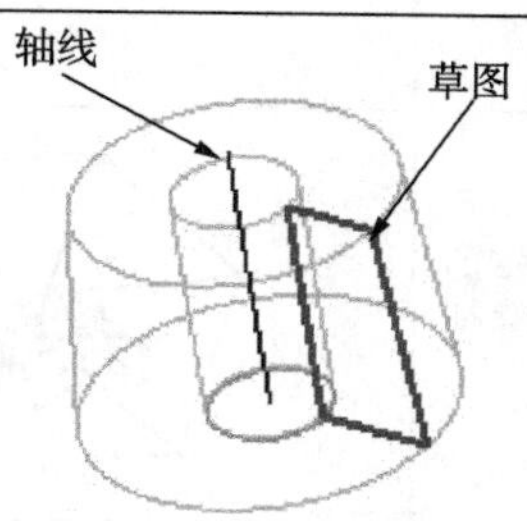 轴线　草图	轴线是空间曲线，需要退出草图状态后绘制
旋转除料	通过围绕一条空间直线旋转一个或多个封闭轮廓，移除生成一个特征	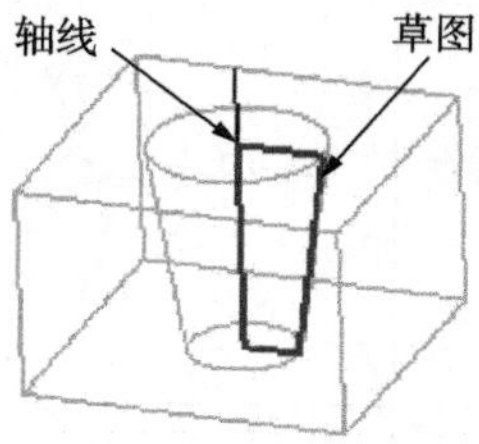 轴线　草图	轴线是空间曲线，需要退出草图状态后绘制
放样增料	根据多个截面线轮廓生成一个实体	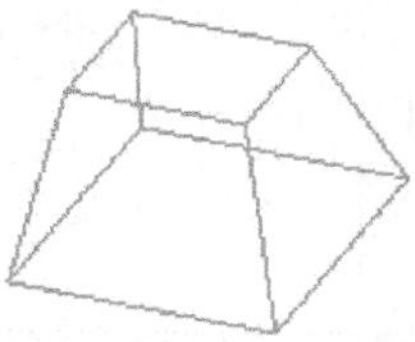	（1）截面线应为草图轮廓 （2）轮廓按照操作中的拾取顺序排列 （3）拾取轮廓时，要注意状态栏指示，拾取不同的边，不同的位置，会产生不同的结果

命　令	功　能	图　例	注 意 事 项
放样除料	根据多个截面线轮廓移出一个实体		同上
导动增料	将某一截面曲线或轮廓线沿着另外一条轨迹线运动生成一个特征实体。截面线应为封闭的草图轮廓，截面线的运动形成了导动曲面	轨迹线	（1）截面线应为封闭的草图轮廓 （2）轨迹线是空间曲线 （3）导动方向选择要正确 （4）导动路径的起始点必须在草图平面上
导动除料	将某一截面曲线或轮廓线沿着另外一条轨迹线运动移出一个特征实体。截面线应为封闭的草图轮廓，截面线的运动形成了导动曲面		同上
曲面加厚增料	对指定的曲面按照给定的厚度和方向进行生成实体		加厚方向选择要正确
曲面加厚除料	对指定的曲面按照给定的厚度和方向进行移出的特征修改		（1）加厚方向选择要正确 （2）应用曲面加厚除料时，实体应至少有一部分大于曲面。若曲面完全大于实体，系统会提示特征操作失败
曲面裁剪	用生成的曲面对实体进行修剪，去掉不需要的部分		（1）除料方向选择要正确 （2）在特征树中，用鼠标右键单击"曲面裁剪"，然后是"修改特征"，弹出"曲面裁剪"对话框，其中增加了"重新拾取曲面"的按钮，可以以此来重新选择裁剪所用的曲面
过　渡	过渡是指以给定半径或半径规律在实体间进行光滑过渡		（1）在使用过渡面后退出功能时，过渡边不能少于 3 条且有公共点 （2）在进行变半径过渡时，只能拾取边，不能拾取面 （3）变半径过渡时，注意控制点的顺序

续表

命　令	功　能	图　例	注 意 事 项
倒角	倒角是指对实体的棱边进行光滑过渡		两个平面的棱边才可以倒角
孔	孔是指在平面上直接去除材料生成各种类型的孔		（1）通孔时，深度不可用 （2）指定孔的定位点时，单击平面后按 Enter 键，可以输入打孔位置的坐标值
拔模	拔模是指保持中性面与拔模面的交轴不变（即以此交轴为旋转轴），对拔模面进行相应拔模角度的旋转操作		拔模角度不要超过合理值
抽壳	抽壳是指根据指定壳体的厚度将实心物体抽成内空的薄壳体		抽壳厚度要合理
筋板	在指定位置增加加强筋		（1）加固方向应指向实体，否则操作失败 （2）草图形状可以不封闭
	特例		可以实现空中曲线筋板的延伸，即草图一边可以与实体没有接触，在生成筋板时会沿曲线方向自动延伸接触到实体
线性阵列	通过线性阵列可以沿一个方向或多个方向快速进行特征的复制		两个阵列方向都要选取

命　令	功　能	图　例	注　意　事　项
环形阵列	绕某基准轴旋转将特征阵列为多个特征，构成环形阵列	 基准轴	基准轴应为空间直线
基准面	基准平面是草图和实体赖以生存的平面，它的作用是确定草图在哪个基准面上绘制。基准面可以是特征树中已有的坐标平面，也可以是实体中生成的某个平面，还可以是通过某特征构造出的面		拾取时要满足各种不同构造方法给定的拾取条件
型腔	以零件为型腔生成包围此零件的模具		收缩率介于 - 20% ~ 20% 之间
分模	型腔生成后，通过分模，使模具按照给定的方式分成几个部分		注意除料方向的选择
实体布尔运算	将另一个实体并入，与当前零件实现交、并、差的运算		（1）采用"拾取定位的 x 轴"方式时，轴线为空间直线 （2）选择文件时，注意文件的类型，不能直接输入 *.mxe 文件，先将零件存成 *.x_t 文件，然后进行布尔运算 （3）进行布尔运算时，基体尺寸应比输入的零件尺寸稍大

表3　曲面绘制命令汇总表

命令	功　能	图　例	注意事项
直纹面	曲线＋曲线 　在两条自由曲线之间生成直纹面		（1）曲线应为空间曲线 （2）在拾取曲线时应注意，要使拾取曲线的同侧相对应；否则将使两曲线的方向相反，使生成的直纹面发生扭曲
直纹面	点＋曲线 　在一个点和一条曲线之间生成直纹面		（1）直线与圆不能在同一平面内 （2）直线顶点是曲面生成所需要的点元素
直纹面	曲线＋曲面 　在一条曲线和一个曲面之间生成直纹面		曲线的投影不能全部落在曲面内时，直纹面将无法生成
旋转面	按给定的起始角度、种植角度将截面线绕旋转轴旋转生成的曲面		（1）旋转轴是直线 （2）选择方向时的箭头方向与曲面旋转方向两者遵循右手螺旋法则 （3）截面线可以为直线、封闭的曲线和非封闭的曲线
扫描面	按给定的起始位置、终止角度和扫描距离，沿指定方向以一定的角度扫描生成曲面		（1）起始距离：是指生成曲面的起始位置与曲线平面沿扫描方向上的间距 （2）扫描距离：是指生成曲面的起始位置与终止位置沿扫描方向上的间距 （3）扫描角度：是指生成的曲面母线与扫描方向的夹角
导动面	平行导动 　截面线沿导动线趋势始终平行它自身而移动生成曲面		（1）截面线与导动线不能在同一平面 （2）截面线可以为直线、封闭的曲线和非封闭的曲线
导动面	固接导动 　导动过程中截面线平面与导动线的切矢方向保持相对角度不变，而且截面线在自身相对坐标架中的位置关系保持不变，截面线沿导动线变化的趋势导动生成曲面	单截面 双截面	（1）截面线与导动线不能在同一平面 （2）在拾取双截面线时应注意要使拾取曲线的同侧相对应；否则将使两曲线的方向相反，使生成的曲面发生扭曲

命令	功　能	图　例	注　意　事　项
导动面　🗗	导动线＋平面 　截面线按一定规则沿一条平面或空间导动线扫动生成曲面	导动线　截面线	（1）截面线平面的方向与导动线上每一点的切矢方向之间的相对夹角始终保持不变 　（2）截面线的平面方向与所定义的平面法矢的方向始终保持不变 　（3）适用于导动线是空间曲线的情形，截面线可以是一条或两条
	导动线＋边界线 　截面线沿一条导动线扫动生成曲面	边界线	（1）运动过程中截面线平面始终与导动线垂直 　（2）运动过程中截面线平面与两边界线需要有两个交点 　（3）对截面线进行缩放，将截面线横跨于两个交点上
	双导动线 　将一条或两条截面线沿着两条导动线匀速地扫动生成曲面 　双导动线导动支持等高导动和变高导动	等高导动　变高导动	拾取截面曲线（在第一条导动线附近）。如果是双截面线导动，拾取两条截面线（在第一条导动线附近）
等距面　🗗	按给定距离和等距方向，生成与已知平面（曲面）等距的平面（曲面）		等距距离是指生成平面在所选方向上与已知平面的距离。 如果曲面的曲率变化太大，等距的距离应当小于最小曲率半径
边界面　◇	四边面 　通过四条空间曲线生成平面		拾取的曲线必须首尾相连成封闭环，才能生成边界面；并且拾取的曲线应当是光滑曲线
	三边面 　通过三条空间曲线生成平面		

续表

命令	功能	图　例	注意事项
放样面	以一组互不相交、方向相同、形状相似的特征线（或截面线）为骨架进行形状控制，过这些曲线生成的曲面称之为放样曲面		（1）拾取的一组特征曲线互不相交，方向一致，形状相似，否则生成结果将发生扭曲，形状不可预料 （2）截面线需要保证其光滑性 （3）用户需要按截面线摆放的方位顺序拾取曲线 （4）用户拾取曲线时需要保证截面线方向的一致性
平面	裁剪平面 由封闭内轮廓进行裁剪形成的有一个或者多个边界的平面		封闭的内轮廓可以有多个
	工具平面 包括 xoy 平面、yoz 平面、zox 平面、三点平面、矢量平面、曲线平面和平行平面等	 xoy平面　　yoz平面　　zox平面	xoy 平面：绕 x 轴或 y 轴旋转一定角度生成一个指定长度和宽度的平面 yoz 平面：绕 y 轴或 z 轴旋转一定角度生成一个指定长度和宽度的平面 zox 平面：绕 z 轴或 x 轴旋转一定角度生成一个指定长度和宽度的平面

表 4　曲面编辑命令汇总表

命令	功能	图　例	注意事项
曲面裁剪	面裁剪 剪刀曲面和被裁剪曲面求交，用求得的交线作为剪刀线来裁剪曲面		（1）裁剪时保留拾取点所在的那部分曲面 （2）两曲面必须有交线，否则无法裁剪曲面
	投影线裁剪 曲面上的曲线沿曲面法矢方向投影到曲面上，形成剪刀线来裁剪曲面		（1）裁剪时保留拾取点所在的那部分曲面 （2）拾取的裁剪曲线沿指定投影方向向被裁剪曲面投影时必须有投影线，否则无法裁剪曲面 （3）在输入投影方向时可利用矢量工具菜单
	线裁剪 曲面上的曲线沿曲面法矢方向投影到曲面上，形成剪刀线来裁剪曲面		（1）裁剪时保留拾取点所在的那部分曲面 （2）若裁剪曲线与曲面边界无交点，且不在曲面内部封闭，则系统将其延长到曲面边界后实行裁剪

命令	功　能	图　例	注意事项
曲面过渡	在给定的曲面之间以一定的方式生成给定半径或半径规律的圆弧过渡面，以实现曲面之间的光滑过渡	等半径过渡 变化规律 过渡圆弧面	（1）用户需要正确地指定曲面的方向，方向不同会导致完全不同的结果 　　（2）进行过渡的两曲面在指定方向上与距离等于半径的等距面必须相交，否则曲面过渡失败 　　（3）若曲面形状复杂，变化过于剧烈，使得曲面的局部曲率半径小于过渡半径时，过渡面将发生自交，形状难以预料，应尽量避免这种情形
曲面缝合	曲面切矢 1 　　在第一张曲面的连接边界处按曲面 1 的切方向和第二张曲面进行连接	第一张曲面	生成的曲面仍保持有曲面 1 的部分形状
曲面缝合	平均切矢 　　切矢方式曲面缝合，在第一张曲面的连接边界处按两曲面的平均切方向进行光滑连接		生成的曲面在曲面 1 和曲面 2 处都改变了形状
曲面拼接	两面拼接 　　做一曲面，使其连接两给定曲面的指定对应边界，并在连接处保证光滑		（1）拾取时请在需要拼接的边界附近单击曲面 　　（2）拾取点时要拾取与距离边界线最近的端点，此端点就是边界的起点 　　（3）两个边界线的起点应该一致，如果两个曲面边界线方向相反，拼接的曲面将发生扭曲
曲面拼接	三面拼接 　　做一曲面，使其连接三个给定曲面的指定对应边界，并在连接处保证光滑	拼接曲面	（1）要拼接的三个曲面必须在角点相交，要拼接的三个边界应该首尾相连，形成一串曲线，它可以封闭，也可以不封闭 　　（2）操作中，拾取曲线时需要先按右键，再单击曲线才能选择曲线
曲面延伸	把原曲面按所给长度沿相切的方向延伸出去，扩大曲面		曲面延伸功能不支持裁剪曲面的延伸

表 5　加工命令汇总表

命令	功　能	图　例	注　意　事　项
平面轮廓加工	生成沿轮廓线切削的平面刀具轨迹	轮廓线	（1）两轴半加工方式 （2）平面轮廓线可以是封闭的，也可以不封闭 （3）主要用于加工外形
平面区域加工	生成具有多个岛的平面区域的刀具轨迹	平面区域	（1）两轴半加工方式 （2）主要用于加工型腔
参数线加工	生成沿参数线方向的三轴刀具轨迹		（1）指定加工方式和退刀方式时要保证刀具不会碰撞机床、夹具 （2）在切削加工表面时，对可能干涉的表面要做干涉检查 （3）对不该切削的表面，要设置限制面，否则会产生过切
曲面轮廓加工	生成沿轮廓线加工曲面的刀具轨迹	曲面轮廓	（1）生成的刀具轨迹与刀次和行距都关联，要加工轮廓内的全部曲面时，可以把刀次数给大一点 （2）轮廓线可以是封闭的，也可以不封闭，也可以是空间的
曲面区域加工	生成待加工封闭曲面的刀具轨迹	曲面区域	曲面轮廓线必须封闭
限制线加工	生成多个曲面的三轴刀具轨迹	第二系列限制线　第一系列限制线	（1）指定加工方式和退刀方式时要保证刀具不会碰撞机床、夹具 （2）进刀点必须是限制线的端点
投影加工	将已有的刀具轨迹投影到待加工曲面，生成曲面加工的刀具轨迹	投影曲面　原有的轨迹	（1）投影加工前必须已经有加工轨迹 （2）待加工曲面可以拾取多个 （3）投影加工的加工参数可以与原有刀具轨迹的参数不同

续表

命令	功能	图例	注意事项
曲线加工	生成三维曲线刀具轨迹	空间曲线	用于空间沟槽的加工
导动加工	生成轮廓线沿导动线运动的刀具轨迹	导动线 截面线　　　A	（1）轮廓线可以封闭，也可以不封闭；导动线必须开放 （2）导动线必须在轮廓线的法平面
等高线粗加工	生成按等高距离下降，大量去除毛坯材料的刀具轨迹		顶层高度是等高线刀具轨迹的最上层的高度值
等高线精加工	生成等高线粗加工未加工区域的刀具轨迹		用于陡面的精加工
自动区域加工	自动生成曲面区域的刀具轨迹		实质是曲面区域加工
知识加工	针对三维造型自动生成一系列的刀具轨迹		（1）为用户提供整体加工思路，快速完成加工过程 （2）使用前一般先要针对已有机床进行知识加工库参数设置
钻孔	生成钻孔的刀具轨迹		（1）钻孔方式的实现与机床有关 （2）系统中钻孔指令的格式只针对 FANUC 系统

参考文献

［1］杨伟群等.《数控工艺培训教程（数控铣部分)》.清华大学出版社，2002.

［2］胡松林等.《CAXA 制造工程师 V2/XP 实例教程》.北京航空航天大学出版社，2001.

［3］北京北航海尔软件有限公司.《CAXA 制造工程师 XP 用户手册》.北京北航海尔软件有限公司.

反侵权盗版声明

电子工业出版社依法对本作品享有专有出版权。任何未经权利人书面许可，复制、销售或通过信息网络传播本作品的行为；歪曲、篡改、剽窃本作品的行为，均违反《中华人民共和国著作权法》，其行为人应承担相应的民事责任和行政责任，构成犯罪的，将被依法追究刑事责任。

为了维护市场秩序，保护权利人的合法权益，我社将依法查处和打击侵权盗版的单位和个人。欢迎社会各界人士积极举报侵权盗版行为，本社将奖励举报有功人员，并保证举报人的信息不被泄露。

举报电话：（010）88254396；（010）88258888

传　　真：（010）88254397

E-mail： dbqq@phei.com.cn

通信地址：北京市万寿路 173 信箱

　　　　　电子工业出版社总编办公室

邮　　编：100036